湖北省安全生产科技专项资金资助

非煤矿山地下开采水患监测预警及风险分级管控

FEIMEI KUANGSHAN DIXIA KAICAI SHUIHUAN JIANCE YUJING
JI FENGXIAN FENJI GUANKONG

曾　旺　张坤岩　周德红
陈光银　吴献高　谢晓军　等著

图书在版编目(CIP)数据

非煤矿山地下开采水患监测预警及风险分级管控/曾旺等著.—武汉:中国地质大学出版社,2024.5

ISBN 978-7-5625-5863-7

Ⅰ.①非… Ⅱ.①曾… Ⅲ.①矿山开采-地下开采-矿山水灾-监测 ②矿山开采-地下开采-矿山水灾-风险管理 Ⅳ.①TD745

中国国家版本馆 CIP 数据核字(2024)第 096918 号

非煤矿山地下开采水患监测预警及风险分级管控　　曾　旺　张坤岩　周德红　陈光银　吴献高　谢晓军　**等著**

责任编辑:张旻玥　　责任校对:张咏梅

出版发行:中国地质大学出版社(武汉市洪山区鲁磨路 388 号)　　邮编:430074
电　　话:(027)67883511　　传　　真:(027)67883580　　E-mail:cbb@cug.edu.cn
经　　销:全国新华书店　　http://cugp.cug.edu.cn

开本:787 毫米×1092 毫米　1/16　　字数:212 千字　　印张:8.25
版次:2024 年 5 月第 1 版　　印次:2024 年 5 月第 1 次印刷
印刷:武汉市籍缘印刷厂

ISBN 978-7-5625-5863-7　　定价:68.00 元

《非煤矿山地下开采水患监测预警及风险分级管控》

编委会

主　　编：曾　旺　张坤岩　周德红　陈光银　吴献高　谢晓军

副 主 编：乐　应　侯建生　谢　斌　王伦平　陈　杉　韩竹东

参编人员：赵云胜　刘　阳　任喻焱　李建璞　刘智慧　姜　圩
曾燕姣　李长六　邹　凡　祁有德　安建勇　任勇华
邓文兵　李松波　朱静涛　杨军喜　冯　勇　柳　文
程海林　王渭英　王庆东　张永利　王圣文　戴金明
王龙飞　潘清和　加燕泽　李　矗　吴燕玲　雷克江
彭诗雨　李昊宸　来斌杰　宋立超　许剑锋　张建明
李元锋　王维李　王　丹　蔡亚敏　秦　娴　刘文秀
李旭阳　肖梦英　黄　飞　骆新光　高云亮　刘森荣
郭建波　杨峥路　董佑翊　张　涛　杨国涛　江　沙
吕卫东　林　民　张玲玲　王子拓　张卢东　赵　勇
蒋金华　黄　聪　周珊丹　吕志伟

前　言

湖北省地跨扬子地块和秦岭-大别山造山带两大地质构造单元，具备优越的成矿地质条件。省内出露各地质时代的岩石地层单位有167个，不同岩石类型的岩浆岩侵入体千余个，高、中、低级和超高压-高压变质岩150多种，赋存着较丰富的矿产资源。全省已发现150个矿种(不含亚矿种，下同)。其中已查明资源量102个矿种，分别占全国已发现173个矿种和已查明资源量163个矿种的86.7%和62.57%。近年来，湖北省采矿业的迅速崛起，大大促进了全省经济的快速发展。但随着矿山开采进入深矿井开采时代，矿井的水压增大，发生水害问题的可能性大幅度增加。有效防范水害事故，减少人员伤亡和财产损失，开展非煤矿山地下开采水患灾害监测预警及风险分级管控的研究非常有必要，是形势所趋。

中南勘察基础工程有限公司针对非煤矿山地下水的特征，采取不同的施工技术和手段，组织完成了国内数十个水文地质条件复杂的水患治理项目，积累了丰富的经验，其中矿山防治水技术曾被国家安监总局列为非煤矿山五大安全隐患治理与施工新技术之一。本书是湖北省安全生产专项资金资助项目"非煤矿山地下开采水患监测预警及风险分级管控"课题的重要研究成果。

本书共分七部分，分别为非煤矿山地质构造及演变规律、非煤矿山水文地质条件分析、非煤矿山地下开采水患主要类型及其成因研究、非煤矿山地下开采水患安全风险预警评估模型的构建、金属非金属矿山突水安全风险预警评估系统研究与开发、非煤矿山地下开采水患风险分级管控、总结。

本书由中国冶金地质总局中南局、中南勘察基础工程有限公司、武汉工程大学及中国地质大学(武汉)等单位专家学者共同编写。本书的出版发行，得到了湖北省安全生产科技专项资金资助，以及中国地质大学出版社、湖北三鑫金铜股份有限公司等单位的大力支持和帮助，在此谨表谢意。

由于编者水平有限，本书难免存在疏漏或不当之处，恳请读者批评指正。

著　者

2024年2月

目　录

第1章 非煤矿山地质构造及演变规律

近年来，湖北省采矿业的迅速崛起，大大促进了全省经济的快速发展。湖北省地跨扬子地块和秦岭-大别山造山带两大地质构造单元，具备较为优越的成矿地质条件。境内出露太古宙至新生代各地质时代的岩石地层单位167个，不同岩石类型的岩浆岩侵入体千余个，高级、中级、低级和超高压—高压变质岩150多种，它们赋存着较丰富的矿产资源。目前，湖北省已发现150个矿种、190个亚矿种，已查明资源储量的矿产共计102种，亚矿种111个。

随着矿山开采进入深矿井开采时代，矿井的水压增大，发生水害问题的可能性大幅度增加，严重制约了采矿业安全健康发展，也影响了生态环境平衡和农业生产。

1.1 地质构造特征

1.1.1 长江中下游地区地质构造特征

长江中下游地区处于中国东部的中间地带，是中国最重要的多金属成矿带之一。该成矿带地处扬子地块东部北缘，华北与华南两大板块三叠纪碰撞拼合带的南部，东邻太平洋构造域，北为大别造山带，南部为江南造山带，西部为江汉盆地等中新生代盆地，自西向东发育有7个矿集区，依次为鄂东、九瑞、安庆—贵池、庐枞、铜陵、宁芜和宁镇，已探明各类铜、铁、硫、金多金属矿床200余处。整体以北东-南西向分布，呈现北西向狭窄，中部、北东区域宽阔的不规则“V”形分布特征。地理区域上该成矿带位于长江主河谷，西从湖北鄂州地区东至江苏镇江附近，地跨湖北、江西、安徽和江苏四省，东西延伸400km。

1. 岩浆活动

该区域作为中国东部重要晚中生代岩浆活动带，其中铜、铁、金等矿产资源的形成与该区广泛遍及的晚中生代岩浆岩深度相关。在时空控矿因素上，认为长江深断裂带控制了整个成矿带岩浆岩的发生、发展以及一系列重要矿床的形成；以长江深断裂为主干的几组重要断裂共同组成的带状网格构造系统对该地区成岩成矿特色的形成具有重要影响意义，成矿带内成铁岩系和成铜岩系在空间位置以及时间分布上都具有其各自特点，主要是在块段褶皱隆起区以铜、金为特色，在断陷火山岩盆地及过渡区以铁为主。大量研究结果表明，长江中下游地区的成岩成矿过程与中生代发生的构造运动及岩浆活动密切相关

(148～124Ma),且呈多期次、区域性“成矿大爆发”现象。

该区成岩成矿作用是东部中生代大规模成岩成矿作用的典型代表,主要存在3次大规模成岩成矿作用:早期以高钙钾碱性中酸性侵入岩系列为主,中期以橄榄安粗岩系列为主,晚期以发育与金、铀矿化有关的A型花岗岩系列为主。3个地质时期爆发式的岩浆活动为成矿带规模化的成岩成矿作用提供了巨量的物质来源。

2. 断裂

长江中下游地区基底不整合覆盖于扬子克拉通不同基底之上,具有“一盖多底”的地壳结构。在地质历史上经历了长时间的构造演变,其北以襄樊-广济断裂、郯城-庐江断裂为界和大别山造山带、华北地块断开,南以常州-阳新断裂和江南造山带为交界。在构造单元上划分为桐柏-大别造山带、前陆带及江南隆起带3个构造单元。其中前陆带又进一步分为前陆褶皱带、前陆盆地及南缘过渡带3个次级构造单元。经过中、新生代时期构造演化,形成以长江深断裂为主干的带状网络改造体系。在追踪长江深断裂的左旋剪切作用下,近东西向断裂部分因压剪而隆起,形成铜陵地区和宁芜地区的山脉,北北东向的断裂部分被拉开形成拉分盆地,如宁芜、繁昌、庐枞和怀宁火山盆地。

区内重要的断裂如下。

(1)长江深断裂:又称长江大断裂或长江破碎带,是由安庆经芜湖、南京至镇江,沿长江存在的断裂;整个长江中下游地区为褶皱-逆冲构造带,江北呈现出由北西向南东运动的逆冲推覆构造特征,江南则表现由南东向北西运动的逆冲推覆构造特征,形成对冲的构造格局。

(2)襄樊-广济断裂:也称为青峰-襄樊-广济断裂,作为一条区域性深大断裂构造,是扬子地块与秦岭-大别造山带的分界线,横穿湖北中部,向北东方向延入安徽境内,湖北内全长约700km,被认为控制着自元古宙以来构造演化、沉积发展的轨迹。

(3)郯庐深断裂:是东亚大陆上的一系列北东向巨型断裂系中的一条主干断裂带,在中国境内延伸2400km,断裂在长期构造演变中,经历多次推覆变化,在我国东部内生成矿和地震活动扮演了重要的作用。

(4)宿松-响水口深断裂:由西南方向,起自广济,从宿松、桐城、苏家湾,经过洪泽湖、淮阴至响水口,全场超过600km,古生代以来控制扬子型沉积区的北界。中、新生代控制了苏北断拗的北界和潜山盆地、孔城盆地、滁县-全椒盆地的发育。

(5)嘉山-响水深断裂:地壳断裂,是郯庐深断裂带北东分支之一,断裂由安徽嘉山北东延伸至江苏响水并入海,长约200km。该断裂带以北为结晶片麻岩和结晶片岩,属华北型构造基底,其东南侧属中浅变质沉积型的扬子区构造基底,可作为郯庐断裂以东华北与扬子两构造单元的分界线。

(6)阳新-常州断裂:该断裂西起鄂中地区西部的长信,经蒲圻、阳新进入赣西北地区,为范镇-老黄门断裂,延至庐山转折呈北东向,被湖口-星子断裂所错动,略向南移,然后其走向由北西西向逐渐转变为北东向与安徽东至-青阳断裂相接,青阳以东迁就安庆-广德断裂转折呈近东西向,在广德附近又迁就北东向的绩溪-宁国断裂经常州延伸到如皋。

磨子潭深断裂:其走向为反“S”形,近东西向延伸200km以上,断面北倾,该断裂是秦岭

-大别造山带与扬子板块两大地质构造单元的分界线。

(7)江山-绍兴深断裂：属地壳断裂，该断裂呈北东向分隔华夏板块和扬子板块两个构造单元。长江中下游成矿带区别于我国其他地区大陆板块边缘的碰撞造山带的成矿作用，其中生代构造背景复杂，为该地区形成丰富多彩的铜、铁、金成矿资源创造了有利的区域构造条件。该地区北西西—东西向深断裂在燕山早期对于形成 Cu－Mo－Fe－Au 型矿床具有很深影响，而燕山晚期的北北西—北西向深断裂对形成 Fe－Cu－S 型等矿带具有控制作用，断裂交界处就形成复合的矿带。

3. 成矿带

长江中下游地区横跨三大构造单元(图 1－1)，由北向南为大别造山带(Ⅰ)、下扬子坳陷(Ⅱ)和江南隆起(Ⅲ)。晚中生代后期红盆发育，一部分红盆跨上述单元产出，掩盖了盆底的地质构造面貌，因此将它单独划分出来作为一个构造单元，即晚期上叠盆地(Ⅳ)。

印支期造山过程中，扬子与华北之间的碰撞导致地壳在水平方向强烈缩短，被缩短的物质转而作垂向升降运动，形成了大别造山带、前陆坳陷及其南侧的隆起，三者呈“两隆夹一坳”的古地理格局。燕山期陆内变形阶段，下扬子坳陷进一步演化为江北断褶带、沿江对冲断褶带和江南过渡带，之后又被上叠盆地部分覆盖。

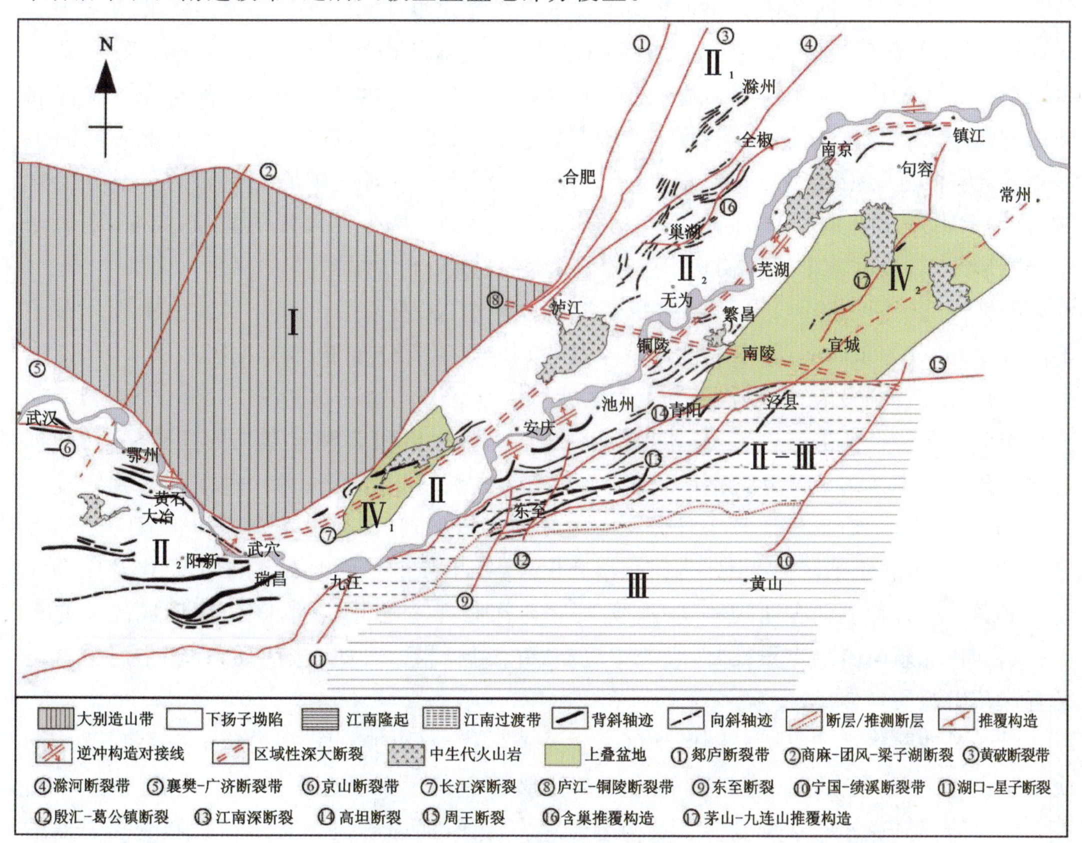

图 1－1 长江中下游地区成矿带示意图

1)江北断褶带($Ⅱ_1$)

大别造山带南侧的褶皱逆冲变形带出露在鄂州以北和庐江—滁州一线,是扬子板块与大别造山带汇聚和演化过程中最重要的构造带之一。北界断层为襄樊-广济断裂带和黄栗树-破凉亭(响水-宿松南段)断裂带(简称黄破断裂带),南界为京山断裂和滁河断裂。该断褶带被分为东西两段:东段称滁庐断褶带,当今出露地层以南华系、震旦系和早古生界为主,主要为一系列南倒北倾的褶皱和由北向南逆冲的断层构成。西段称蕲州断褶带,地处江汉盆地、襄樊-广济断裂带和京山断裂之间的三角地带,由震旦系至侏罗系的褶皱构成,其延展方向主要为北西西向,并有同方向的冲断层伴生,但在襄樊-广济断裂附近,多被牵引为北西向。本段震旦系至中三叠统与上三叠统至侏罗系的褶皱形态不甚协调,前者多呈线状延伸,后者比较开阔。向东构造线方向由北西西向转东西向,到黄梅地区转为北东向。黄梅地区主要由志留系—三叠系组成,以马鞍山背斜为主体,轴向北东,轴面倾向北西,有同方向的逆冲断层伴随。黄梅县城以南,断褶带被中、新生代陆相盆地覆盖,向北东方向与滁庐断褶带遥遥相对。

2)沿江对冲断褶带($Ⅱ_2$)

沿江对冲断褶带(又称沿江断褶带)北以滁河断裂、京山断裂为界,南以崇阳-常州断裂带为界。平面展布方向总体上由西向东,西端仅在靠近襄樊-广济断裂旁出现北西向构造线,显然是受到襄樊-广济断裂带的影响,除此之外大部分构造线仍作北西西向,然后到黄梅以东折向北东转北北东向,最东端(南京以东)又转为近东西向。宁镇地区构造线呈向北凸出的弧形,由一系列走向近东西的断裂和复式褶皱表现出来,向西延伸,与北北东向的宁芜复式向斜相连。沿江对冲断褶带整体上组成一个近东西向展布的不完整的弧及其反射弧,称作淮阳弧。中部大别山向南凸出的顶端,宽度最窄,即为淮阳弧的弧顶,向东、西两侧作喇叭形开口,最后截止于两端晚中生代—新生代盆地。

根据构造变形的差异;沿江对冲断褶带可分为东段、西段两个部分。其中东段分布于长江两岸(又分为东段南部、东段北部及宁镇段),西段主要分布于长江以南。

(1)东段南部(安庆-铜陵地区)。

安庆—铜陵一带褶皱构造,总体上作近北东方向,但出现 3 种有意义的变异型式:一种是宿松及洪镇地区的帚状复式褶皱,褶皱轴在南端收敛,向北撒开;另一种是繁昌到铜陵一带的"S"形复式褶皱;另外还有一种保存不太好的变异型式,即贵池—东流一带有一列弧形褶皱,单个弧由北东东转向北北东,向东南凸出,这一串弧的位置大致位于董岭式基底和江南式基底的结合带上。在断裂构造中,除发育与褶皱伴生的断层外,燕山期形成的北北东向、南北向、北东向断层也很发育,且集中分布,并影响到后续的构造活动,长江主河道就是循着这几组断裂延伸。

沿江对冲断褶带在安庆—铜陵地区主要是古生代地层的变形,主要构成一系列北东向线性紧密褶皱束,但在铜陵东部和繁昌西部褶皱转为北东东—近东西向。此外,该区以发育大规模的相对逆冲的推覆构造以及构造岩片为特征,区内褶皱以紧闭褶皱和变形强烈的揉皱为主,轴面倾向多变,另有大量的箱状褶皱和扇形褶皱,表现出由南东向北西逆冲的运动学特征。

铜陵地区断裂构造主要是平行褶皱枢纽方向的逆断层和垂直褶皱枢纽方向的正断层，并成为燕山期大量中酸性岩浆的通道。

庐枞地区由于被大量中生代火山岩覆盖，下伏地层褶皱构造型式只能根据巢湖及怀宁地区以及庐枞盆地边部残存的志留纪至三叠纪地层展布及构造型式加以推测。印支期早期，自北向南形成了一系列向东倾伏轴面南倒的倒转背斜和向斜。印支主期，在庐枞盆地的北部，又形成北东向周家大山背形向斜及两侧的紧密向形背斜的斜歪至同斜褶皱。

(2)东段北部(宁芜地区)。

宁芜地区沉积地层主要由中上三叠统黄马青组($T_{2-3}h$)至下中侏罗统象山群($J_{1-2}x$)组成，以断裂与邻区为界，盆地内上覆火山岩系为中生代燕山期岩浆活动在盆地内形成的大量橄榄安粗岩系火山岩组合；当涂区段对冲构造十分发育。虽然多被火山岩所覆盖，但对冲断层仍然保留完好，其构造线仍以北北东向为主。

(3)宁镇段。

在南京—宁镇地区，除钻孔中见到古元古代晚期的埤城群外，出露地层主要为南华系至中下三叠统($Nh—T_{1-2}$)海相沉积和中上三叠统至中下侏罗系($T_{2-3}—J_{1-2}$)陆相沉积砂泥质岩和砂砾岩，少量上侏罗统至下白垩统($J_3—K_1$)的中酸性火山岩、上白垩统(K_2)的红色砂砾岩。在其周围的盆地中主要为上侏罗统至下白垩统($J_3—K_1$)的中酸性火山岩和上白垩统至古近系($K_2—E$)的红色砂砾岩。

宁镇地区从西向东展布方向为北东—近东西的3个背斜和2个向斜，即龙潭-仑头背斜、范家塘向斜、宝华山-巢凤山背斜、华墅-亭子向斜、汤山-仑山背斜。向斜两侧明显发育对冲构造，为南、北两个构造推覆系统的中间对冲部位。北部发育向东南推覆、西北倾斜的逆冲断层，南部发育向北西推覆、南东倾斜的逆冲断层，构造变形强烈，对冲带宽度较窄。构造活动期，两侧地层向中间逆推至地表，使下古生界、中生界出露地表，遭受一定程度剥蚀，构成了现在的宁镇山脉。

(4)西段(鄂东南—九瑞地区)。

沿江对冲断褶带在鄂东南—九瑞地区以紧闭的线状褶皱和逆冲断层为主要特征，构造线在大冶—鄂城之间主要成北西西向，在阳新—通山一带成近东西向，呈微向南凸出的弧形，南北宽度约30km。褶皱构造多为斜歪褶皱或倒转褶皱，北部(大冶—金山店一线以北)褶皱轴面多向北倾斜，显示出由北向南逆冲的运动学特征。此线以南多数褶皱轴面则向南倾斜，显示由南向北的对冲状态。武汉地区卷入该断褶带的最新地层为侏罗纪，以砂岩为主，并以普遍发育的煤层为主要标志，成为分析区内构造变形时期的重要依据。区内侏罗纪褶皱明显，以宽缓褶皱为主要特征，褶皱枢纽近东西向，并有大量向北倾斜的逆冲断层伴生，产状为$0°\sim40°\angle10°\sim59°$。鄂城至殷祖一连串平行的北西西—近东西向褶皱之上还有一个近南北向的横跨褶皱，它控制了鄂东南除阳新岩体之外的几大岩体及铁、铜(钼)矿化。

沿江对冲断褶带在武穴市大法寺一带最为经典，保存完整，是由大别造山带南缘与扬子板块北缘断层的对冲而形成，中间为构造对接线。北带逆冲断层以蕲春-黄土岭断层(F_1)为代表，断层发育在武穴市的北部，西起蕲春县的蕲州市、经黄土岭镇、武穴市大法寺镇的北部，出露长度约30km，断层的上盘(北盘)为大别造山带南缘宿松群的绢云母石英片岩，面理产状为 41°∠63°。断层下盘（南盘）为扬子板块北缘震旦系的硅质岩、白云岩或寒武系的条带状灰岩、白云岩，地层有明显褶皱，产状不稳定。在黄土岭北部的李村、何铺等地区，可见断层角砾岩带宽度大于 50m，断层产状 0°∠60°；在蕲州北部的牛皮坳一带，可见断层产状为 8°∠25°，均是由北向南逆冲。

南带逆冲断层以陇里-马口断层（F_2）为代表，陇里-马口断层发育在武穴市北郊的陇里到马口一带，向西可穿过长江后再西延。断层带两侧均为古生代—中生代的地层，从区域上看，两侧构造线方向和构造样式有明显差异。陇里地区该断层带宽约 20m，带内地层破碎强烈，构造角砾岩成分主要是两侧地层中的粉砂岩、石英砂岩等。马口地区，该断层主要发育在志留系泥岩、粉砂岩中，而不易发现，有时发育在二叠系灰岩中，以大量密集相互平行的小断层带的形式出现，产状一般 235°∠63°，断层性质为逆断层，由南向北逆冲。

两断层中间，便为沿江对冲断褶带的对接线，分布在大法寺—蕲州一带，带内侏罗系发育，呈带状平行构造带分布，并且仅限于该带中，地层内褶皱、断层发育明显。带内断层均为逆断层，但产状不稳定，倾向南和倾向北的断层都有。带内总体上表现为北半部主要出露下古生界和侏罗系，为向北倾斜的叠瓦状逆冲断层组合和倒转的地层；南半部主要出露上古生界和中生界，为北倒南倾的斜歪褶皱或倒转褶皱。

3）江南过渡带（Ⅱ—Ⅲ）

江南隆起是指皖南、赣北及鄂东南的前南华纪的浅变质岩系分布区，该区经历了自中新元古代以来的多次构造运动，其主体属于晋宁期扬子地块南缘发生的碰撞造山带的一部分（加里东运动之后，与扬子地块北半侧的下扬子地区发生隆坳分异，成为隆起区）。印支期大别造山带形成过程中，继续保持隆升地位。燕山期以来相继发生强烈的陆内构造活动。该区具有双层基底，即古元古代片状无序的中深度变质岩、变基性火山岩等组成结晶基底，主要分布在赣北、湘东一带；中新元古代褶皱基底，主体由中元古界浅变质岩系组成，但不同的构造单元具有不同的建造特点。江南隆起中自东向西依次出露溪口岩群（皖）、九岭群（赣）、冷家溪群（湘）、梵净山群（黔）、四堡群（桂）等，地层建造以弧后盆地或岛弧沉积相为特点。

江南过渡带（Ⅱ—Ⅲ）位于东至、贵池南部、石台、青阳、南陵及宣城一带，属于江南隆起北缘，呈近东西向带状展布。盖层主要为南华纪、震旦纪、古生代和三叠纪地层，其中寒武系、奥陶系广泛分布，与宁国—太平地区的沉积建造有较大差别。而晚泥盆世—中三叠世岩性特征几乎完全相同。岩浆岩以大型花岗岩岩基为特征，如燕山期的青阳岩体、九华山岩体和谭山岩体等。

该带在早期演化过程中，属于江南隆起部分，在印支期与下扬子地区一并发生褶皱。褶皱特征也类似下扬子坳陷南缘似线性褶皱，而与江南隆起腹地的开阔褶皱有明显差异，但两者之间并无明显的界限。

综上，长江中下游成矿的基本构造轮廓可概况为“一弧一线二喇叭”的构造格局。“弧”即淮阳弧，平面展布方向总体上由西向东先作北西西向，然后折向北东转北北东，最东端又转为近东西向（被称为“反射弧”顶）。“线”指江南隆起内近东西向线状构造。即平面上，大别山向南挺进产生的弧，与江南保持的近东西向（NWW—NEE）线形构造之间形成了两个三角地带，构成了一“弧”一“线”夹两个“喇叭”的形态。西喇叭深入陆内，发展受到限制；东喇叭面向海域，得到充分发展，并控制形成了北(滁州-庐江)、中(主)(南京-安庆)和南(江南过渡带)3个成矿亚带。

1.1.2 湖北省地质构造特征

1. 地质构造区

湖北省域主体处于扬子板块与华北板块中生代对接带的南侧，仅鄂东北大别山地区处于中生代对接带的北缘。中生代晚期—新生代滨太平洋构造域叠加在早期构造形迹之上。根据中生代(印支运动)以来的地质构造面貌，省境内可以划分为6个构造区，如图1-2所示。

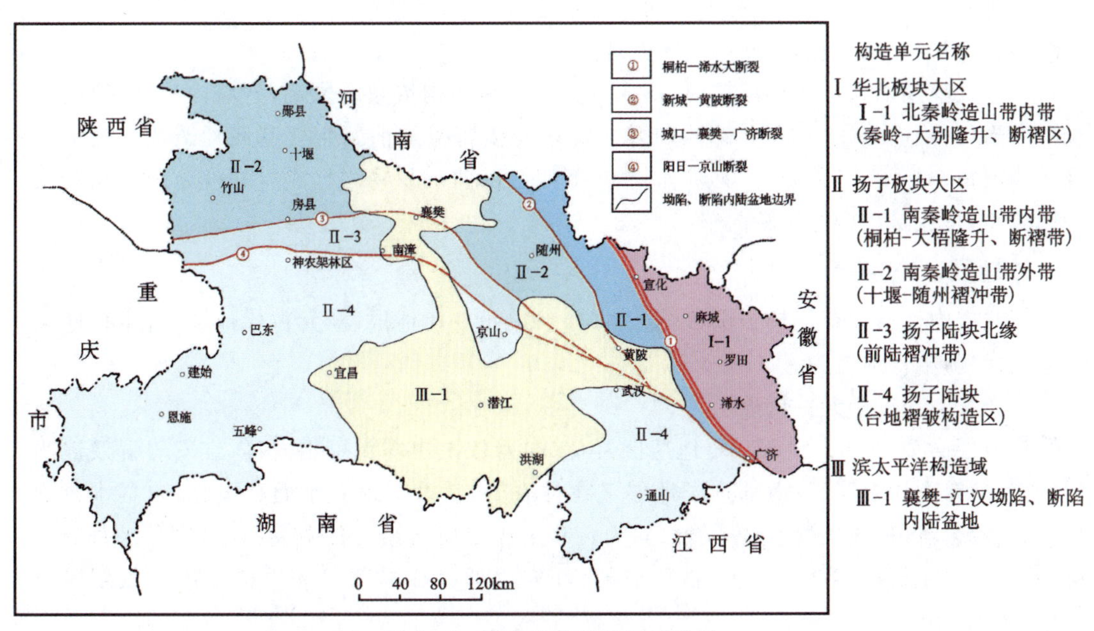

图1-2 湖北省构造分区示意图

1) Ⅰ-1 北秦岭造山带内带(秦岭-大别隆升、断褶区)

该带核部主体物质为新太古代—古元古代变质花岗岩—绿岩—碎屑岩系列。中新元古代以来的地层沿其周缘分布，总体为一个以太子店—龟峰山为中心呈北西向延伸的复背斜，各时代变质地层局部无序，并有大量中酸性岩侵位。

2) Ⅱ-1 南秦岭造山带内带(桐柏-大悟隆升、断褶带)

该带其基底岩系特征与大别山岩群类似，空间上形成一条北西-南东向带状片麻岩穹隆，盖层为中新元古代—早古生代变质地层。经历了多期构造变形，各时代地层局部无序，整体有序，有大量中酸性岩侵位。

3) Ⅱ-2 南秦岭造山带外带(十堰-随州褶冲带)

该带呈北西条带状展布于湖北省西北部及北部，中段被新生代襄阳盆地掩盖。该带发育多期褶皱、断裂，地质构造复杂，沿层间构造裂隙侵入的以基性为主的岩床、岩墙、岩脉较发育。

4）Ⅱ-3 扬子陆块北缘（前陆褶冲带）

该陆块北界受北西西向城口-襄樊-广济大断裂所限，南界以北西西向阳日-京山断裂与稳定的扬子地台变形区分开。该带岩浆活动微弱，主要构造变形为一系列北西西向叠瓦状紧闭线状逆冲断裂和倒转褶皱。

5）Ⅱ-4 扬子陆块（台地褶皱构造区）

该陆块分布于阳日-京山断裂以南的地区。该区在晋宁运动（距今约8亿年）形成的结晶基底基础上，历经扬子稳定地块盖层发展和多期构造改造的过程，主要构造为一系列浅层次的正常褶皱和脆性断裂。在鄂西黄陵地区前震旦纪基底有元古宙超基性、基性及酸性岩浆岩侵入活动，在东南地区有燕山期中酸性岩浆侵入活动。

6）Ⅲ-1 襄樊-汉江坳陷、断陷内陆盆地

中生代晚期以来进入喜马拉雅活动期，受滨太平洋构造域的影响，省城内出现了襄樊-汉江坳陷、断陷内陆盆地，呈北北西向及北北东向横跨叠加前新生代基底构造线。盆地内堆积了数百、数千米红色碎屑-泥质沉积物，第四纪以前沉积物均已成岩并被新断裂切割成不同块体，总貌显示构造比较简单。

2. 地层

湖北省内地层发育比较齐全，以新太古代—中元古代地层、新元古代地层、古生代地层和中生代、新生代地层为主。

1）新太古代—中元古代地层

该地层主要分布于北部秦岭地层区，由东向西依次出露大别山岩群、红安岩群及武当岩群，为一套中深变质岩；南部扬子地层区在神农架、黄陵等地有小面积出露，包括水月寺岩群、崆岭岩群、神农架群、冷家溪群等，为一套中浅变质岩系。其中大别山岩群、水月寺岩群、武当岩群主要赋存金、银、铜、铁等矿产，红安岩群是变质磷矿和重稀土矿的重要赋存层位。

2）新元古代地层

秦岭地层区主要为一套变火山岩、变沉积泥质岩组合；扬子地层区主要为一套滨浅海碎屑岩-碳酸盐岩组合。该时期是湖北省重要的成矿期，赋存有磷、锰、钒、钼、铅锌等矿产，如赋存于震旦系陡山沱组和灯影组中的磷矿、铅锌矿，南华系大塘坡组中的锰矿和耀岭河组中的铁矿等。

3）古生代地层

秦岭地层区分布较少，为一套厚度较大的盆地相火山凝灰质和灰泥质沉积岩，岩石普遍发生低绿片岩相变质；扬子地层区分布广泛，以海相碳酸盐岩和碎屑岩为主。古生代地层中主要有钒、锰、铁、煤等矿产，如扬子地层区中晚泥盆世形成的高磷赤铁矿、二叠系的煤矿等。

4）中生代、新生代地层

该地层主要分布于中、新生代坳陷盆地，以江汉盆地分布范围最大。除早、中三叠世地

层主要为一套海相碳酸盐岩和碎屑岩沉积外，其余时代的沉积均为陆相碎屑沉积岩。该时期形成的矿产主要为产于中、新生代坳陷盆地中的岩盐、卤水、石膏、芒硝、石油、天然气等。

3. 岩性

全省发育有太古宙—新生代地层和超基性、基性、中酸性、酸性、碱性岩浆岩及各类变质岩。其中，沉积岩面积占61%，变质岩面积占32%，岩浆岩面积占7%。

全省共有大小岩体千余个，总面积约13 000km^2。按形成时期可分为古元古代大别期、中元古代扬子期、早古生代加里东期和中新生代燕山期—喜马拉雅期等。酸性、中酸性、基性、超基性和碱性岩类均有出露。其中，酸性岩、中酸性岩占85%，主要分布于鄂东南、鄂东北和鄂西黄陵背斜核部；基性、超基性岩较少，分布于鄂北及黄陵背斜；碱性、偏碱性岩、碳酸岩仅见于竹山-房县、随州-枣阳局部地段；火山岩主要分布于鄂北及鄂东南地区。

1)酸性、中酸性岩浆岩

以燕山期为主，主要分布于桐柏山、大别山、黄陵、幕阜山及鄂东南地区，主要岩石类型为闪长岩、花岗闪长岩和花岗岩，相应的脉岩有石英岩脉、伟晶岩脉、花岗斑岩脉；火山岩类型为流纹质、安山质、石英角斑质火山喷发熔岩及火山碎屑岩。元古宙及其以前的中—酸性侵入岩均遭区域变质，已变质为英云闪长质、奥长花岗质、花岗闪长质、花岗质片麻岩或片麻状花岗岩，同期的中—酸性火山岩已变质成各类长英质片麻岩、变粒岩、片岩及浅粒岩。燕山期岩浆岩形成了重要的铁、铜、金、钨、钼、硫等内生矿床。

2)基性、超基性岩

各期均有分布，但出露面积较小。主要分布于鄂北及黄陵背斜。主要岩石类型为橄榄岩、辉石岩、角闪岩、辉长辉绿岩，少量碳酸岩、煌斑岩、钾镁煌斑岩、玄武岩、粗面岩、细碧岩及相应的火山碎屑岩。元古宙及其以前的基性—超基性岩经区域变质作用改造，多已形成蛇纹岩、蛇纹片岩、滑石片岩、角闪石片岩、斜长角闪岩、角闪片岩或绿片岩。与该类岩石相关的矿产有铬、镍、铁、钛、金、建筑石材等。

3)碱性、偏碱性岩、碳酸岩

以加里东期为主，见于竹山—房县、随州—枣阳等地的局部地区，岩石类型为正长岩、碳酸岩，主要产于基性侵入岩杂岩体中。与该类岩石相关的矿产有铌、钽等稀土矿产。

4)变质岩

该岩类主要分布于武当山—大别山广大地区和黄陵、神农架、大洪山、幕阜山、大磨山等地，分布面积约60 000km^2。按变质作用可分为区域变质岩和动力变质岩。

区域变质岩形成于太古宙—古生代各变质作用阶段，变质作用类型有区域动力热流变质作用、中压区域动力热流变质作用、高压或中高压区域变质作用和区域动力变质作用，分别形成麻粒岩相、高角闪岩相、低角闪岩相、高绿片岩相、低绿片岩相、蓝闪绿片岩相和板岩-千枚变质相等多种变质相系。可分为南、北两大变质区。

北部武当山-大别山变质区：从太古宙—中生代长期遭受区域变质作用和多序次变形作用。新-黄断裂以东，为深变质岩区，由北向南，依次展布着从麻粒岩至板岩-千枚岩的变质岩带；新-黄断裂以西为中浅变质岩区，分布各类片岩、浅粒岩、千枚岩、板岩。桐柏-大别深变质岩区的含柯石英榴辉岩的超高压—高压变质岩带和以蓝闪石片岩为代表的中高压变质岩带，它们在空间上自南而北依次由绿片岩相、蓝片岩相、低温超高压榴辉岩相、中高温超高压榴辉岩相和中低温高压榴辉岩相共同构成超高压—中高压变质相系。

南部扬子变质区：变质作用发生于前南华纪变质基底中。太古宙—元古宙表壳岩系和元古宙岩浆岩经低压区域动力热流变质作用形成从低角闪岩相、高角闪岩相至麻粒岩相的递增变质带和无分带性的混合岩类高级变质岩；中元古代—新元古代地层和岩浆岩，经区域动力变质作用形成板岩-千枚岩。与区域变质作用相关的矿产有金、银、铁、磷、石墨、金红石等。

动力变质岩沿断裂带和剪切带分布，主要岩石类别有碎裂岩、角砾岩和糜棱岩等，赋存构造-热液蚀变型金、铜、铅锌等矿产。

1.2 成岩成矿过程及演化规律

长江中下游地区的成岩成矿作用是东部中生代大规模成岩成矿作用的典型代表，侵入岩体在成矿带范围内分布广泛，与成矿关系密切的是一套与矿带同时空发育的早白垩世火山岩及侵入体(表1-1)。它们总体上沿着长江深大断裂呈带状分布，由西南向北东主要可以划分为7个成岩成矿区域，分别是大冶成岩成矿区、九瑞成岩成矿区、安庆成岩成矿区、庐枞成岩成矿区、铜陵成岩成矿区、宁芜成岩成矿区和宁镇成岩成矿区。邢凤鸣和徐祥(1995)将区内岩浆岩按照成因、组合及空间分布规律归纳为“夹心饼”式分布，内带沿长江分布，包含4个岩浆岩组合：高钾钙碱性中酸性侵入岩组合，以铜陵地区侵入岩为代表；高钠钙碱性中基性侵入岩组合，以宁芜地区的蒋庙、阳湖塘和姑山辉长岩为代表；橄榄安粗岩系火山岩，以宁芜和庐枞盆地的火山岩为代表；碱性火山岩组合，以宁芜盆地、繁昌盆地、庐枞盆地部分区域火山岩为代表。外带位于内带的南、北两侧，为钙碱性系列侵入岩，内带和外带之间是A型花岗岩带。北外带以滁州岩体和沙溪岩体等为代表，南外带则多数是一些出露面积很小的斑岩体。

表1-1 长江中下游地区岩体年龄(以铜陵地区部分岩体为例)

岩体	岩性	年龄/Ma	定年方式
白芒山	辉石二长岩	138.3±0.6	Rb-Sr
朝山	二长闪长岩	142.9±1.1	SHRIMP
新桥	二长岩	146.4±4.3	SHRIMP
鸡冠石	花岗闪长岩	135.5±4.4	LA-ICP-MS
青山脚	石英闪长岩	138.8±1.6	LA-ICP-MS
青山脚	石英闪长岩	135.6±1.4	Rb-Sr
大团山	石英闪长岩	135.2±9.2	Rb-Sr

续表 1-1

岩体	岩性	年龄/Ma	定年方式
矶头	石英二长闪长岩	140.4±2.2	SHRIMP
狮子山	石英闪长岩	135.1±3.3	LA-ICP-MS
焦冲	辉石二长闪长岩	137±1.7	LA-ICP-MS
焦冲	闪长玢岩	128±2.2	LA-ICP-MS
焦冲	闪长玢岩	128.6±1.2	LA-ICP-MS
焦冲	辉石闪长岩	128.5±2.1	LA-ICP-MS
缪家	闪长玢岩	137.3±2.9	LA-ICP-MS
缪家	石英二长闪长岩	142.8±1.6	SHRIMP-RG
缪家	石英二长闪长岩	143.2±1.3	LA-ICP-MS
缪家	石英二长闪长岩	137±3	LA-ICP-MS
湖城涧	辉石闪长岩	142.7±0.6	SHRIMP
新华山	花岗闪长岩	141.0±4.5	LA-ICP-MS
南洪冲	花岗闪长岩	141.2±1.6	LA-ICP-MS
南洪冲	花岗闪长岩	141.9±4.5	LA-ICP-MS
南洪冲	花岗闪长岩	138.8±1.3	SHRIMP-RG
南洪冲	花岗闪长岩	141±2	LA-ICP-MS
南洪冲	花岗闪长岩	132.5±5.6	Rb-Sr
向阳村	花岗闪长岩	141.6±3.7	LA-ICP-MS
湖城	辉长辉绿岩	133.7±0.9	黑云母 Ar-Ar
月山	闪长岩	133.2±3.7	SHRIMP
月山	闪长岩	135.6±1.4	黑云母 Ar-Ar
月山	闪长岩	139.3±1.5	LA-ICP-MS
月山	闪长岩	138.7±0.5	SHRIMP

1.2.1 时间演化规律

长江流域矿产资源可划分为6个主要成矿时期，即太古宙成矿期、元古宙成矿期、早古生代成矿期、晚古生代成矿期、中生代成矿期、新生代成矿期。其中最主要的成矿时代为中生代与晚古生代，即 415～70Ma。中生代形成的矿床数量占总数的 37%，晚古生代形成的矿床数量占总数的 25%。按照每亿年形成的矿床数量统计各时代长江流域成矿密度，新生代每亿年形成的矿床数量最多，约 3036 个/100Ma；中生代每亿年形成的矿床数量约2987 个/100Ma；次为晚古生代、早古生代等。时代越新，每亿年形成的长江流域矿床数量越多。

1. 太古宙矿床

该时期形成的矿床数量最少，规模不大，多为小型、矿点。该时期形成的矿床大型 1 处、中型 5 处、小型及矿点 99 处，集中分布于长江中下游湖北、陕西、安徽 3 个省，但上游陕西等地也有一些重要矿床。能源、水气矿产几乎未发现；金属矿产以铁矿为主，代表性矿床有陕西略阳县鱼洞子-黑山沟铁矿；非金属矿产已发现石墨、硫铁矿、矽线石、云母、花岗岩、大理岩、蓝晶石、石棉、蛭石、白云岩 10 种，代表性矿床有陕西宁强县二里坝（巩家河）硫铁矿、安徽浮槎山花岗岩矿、回龙山矽线石矿、孙家花屋云母矿等。

2. 元古宙矿床

该时期形成的矿床数量进一步增多。已知超大型 20 处、大型 117 处、中型 245 处、小型及矿点 735 处，分布于四川、湖北、江西、云南等 16 个省（区、市）。能源、金属、非金属均有发现。能源矿产以铀、钍为主，均为矿点；金属矿产以铁、锰等黑色金属及铜、铅、锌等有色金属矿产为主，代表性矿床有贵州铜仁道坨锰矿、普觉锰矿、江西安福县杨家桥铁矿、云南东川汤丹铜矿、四川会东大梁子铅锌矿等；非金属矿产磷矿资源最为富集，其次为花岗岩、大理岩、石墨、白云岩等，代表性矿床有贵州开阳磷矿、湖南石门县鼓锣坪磷矿、四川攀枝花中坝石墨矿、安徽巢湖市汤山冶金用白云岩矿等。

3. 早古生代矿床

该时期形成的矿床数量稳定增多。已知超大型 23 处、大型 111 处、中型 257 处、小型及矿点 1265 处，分布于贵州、重庆、四川等 15 个省（区、市）。已发现能源矿产有煤、石煤、铀等，代表性矿床有湖南溆浦县土桥石煤矿等；金属矿产数量约占总数的 1/3，以黑色金属及铅锌矿为主，代表性矿床有河南淅川县石槽沟钒矿、湖北丹江口市银洞山铁矿、四川汉源县黑区-雪区铅锌矿等；非金属矿产以磷矿、重晶石、石灰岩等为特色，代表性矿床有云南禄劝彝族县雪山磷矿、湖南新晃县贡溪磷矿、河南南阳市蒲山水泥用大理岩矿等。

4. 晚古生代矿床

该时期形成的矿床数量进一步增多。已知超大型 20 处、大型 390 处、中型 625 处、小型及矿点 2772 处，分布于贵州、四川、湖北、重庆、江西等 14 个省（区、市）。能源矿产以煤为主且占绝对优势，集中分布于长江上游贵州、四川、重庆一带，以小型规模为主，资源潜力巨大，代表性矿床有四川古蔺县大村煤矿；石煤、铀、天然气等能源矿产均有发现；已发现的金属矿产种类有限，数量约占总数的 1/3，以铁、铝、铅锌、铜矿为主，代表性矿床有四川西昌太和铁矿、攀枝花红格钒矿、贵州猫场铝土矿等；非金属矿产以石灰岩居多，次为耐火黏土、砂岩、高岭土、白云岩等，代表性矿床有江西万年县大源石灰岩、白云岩矿、湖南邵阳县常乐石膏矿等。

5. 中生代矿床

长江流域1/3以上的矿床形成于中生代，该期矿床的分布范围涵盖了长江流域内的各个省(区、市)，且成矿密度大。已知超大型67处、大型296处、中型688处、小型及矿点4679处。能源矿产以煤为主，以小型、矿点规模为主，代表性矿床有攀枝花宝鼎煤矿；金属矿产铁、铜、铅锌、钨、金较发育，锂、铍、钽、锶、铷、铼等“三稀”矿产等为特色，代表性矿床有四川甲基卡、云南麻花坪、湖南双峰县大坪铷矿、甘肃西和县大桥金矿、江西武宁县石门寺钨矿等；非金属矿产种类较全，以石灰岩、萤石、砂岩为主，电气石、硅灰石、蓝石棉、沸石等为特色，代表性矿床有江西上饶高洲叶蜡石矿、四川彭山牧马山芒硝矿、安徽青阳县来龙山方解石矿等。

6. 新生代矿床

该时期矿床数量虽不多，仅次于晚古生代，但成矿密度最大，该期矿床的分布范围涵盖了长江流域内的除上海外的其他全部省(区、市)。已知超大型19处、大型157处、中型392处、小型及矿点1557处。能源矿产发育较差，以地热、煤为主；金属矿产以金、铁、铜为主，代表性矿床有四川大渡河沿线的金矿、云南武定县长冲钛铁砂矿等；非金属矿产以黏土类、石膏等为主，代表性矿床有湖南醴陵市马颈坳高岭土矿、江西樟树市清江石盐矿等；水气矿产数量约占总数的1/3，矿泉水、地下水等均发育。

7. 时代不明矿床

尚有长江流域内矿床成矿时代不明，含超大型8处、大型38处、中型121处、小型及矿点635处。

1.2.2 空间分布规律

成矿密度较大的区域主要分布在长江主干流附近，下游明显高于上游。上游流域矿产地数量占长江流域矿产总数的一半，成矿密度约每万平方千米可形成矿产地72处，有充足的有色、黑色和磷化工原料，能源丰富；中游矿产地数量占长江流域矿产总数的1/4，成矿密度约每万平方千米可形成矿产地52处，以有色金属为主；下游流域面积最小，矿产地数量占长江流域矿产总数的1/4，成矿密度约每万平方千米可形成矿产地318处，成矿密度最大。其中铜陵—芜湖马鞍山一带是全流域成矿密度最大的区域，相当于每万平方千米最多可形成矿产地近500处，铜陵矿集区也是长江中下游成矿带研究程度最高的地区；其次为南京市周边，相当于每万平方千米最多可形成矿产地近250处；重庆、黄石、杭州、贵阳地区成矿密度也相对较大。

根据矿产资源的集中程度，流域内可划分八大资源集中区：①金沙江下游，有丰富的铁、钒、钛、磷、铜等沿江两岸密集分布；②川南地区，煤、高岭土、石灰石、磷矿等共生；③黔东—湘西，丰富的煤、锰资源在长江流域乃至全国都具重要地位；④乌江流域，汞、萤石资源为特色；⑤鄂东南—湘东北，以铁、铜为主；⑥赣南—湘南，钨矿储量大类型丰富，保有储量占全国一半以上，稀土独具特色；⑦武汉—南京沿江，铁、铜、硫资源丰富；⑧长江三角洲，萤石为主要优势矿产，膨润土、叶蜡石、大理石、高岭土等还可供销全国或出口。

长江流域内以四川省已发现矿产地数量最多，这与其分布在长江流域内的相对面积大有关，但成矿密度并不突出，矿产地也主要分布在四川盆地外缘；矿产地数量其次以江西省、贵州省、重庆市、安徽省、湖北省、湖南省、云南省、陕西省、江苏省等主干流及一级支流流经的重要省（区、市）居多。四川省能源矿产以煤矿为主，铀矿资源具有特色；金属矿产中铁、铜、金资源丰富而且种类齐全；非金属以磷为优势矿产。除贵州省以能源矿产为主，江西省、重庆市、安徽省、浙江省以非金属矿产为主外，其他各省（区、市）均以金属矿产为主。

长江中下游地区主要的7个矿集区鄂东南、九瑞、安庆—贵池、铜陵、庐枞、宁芜和宁镇的成岩成矿都具有一定的阶段和特色。鄂东南矿集区处于长江中下游成矿带的西缘，矿集区内主要发育铁矿床、铜铁矿床、铜钼矿床，矿种以铁、铜为主。鄂东南成矿事件分别是：①147～136Ma产出的斑岩-矽卡岩型Cu-Au-W-Mo矿，矽卡岩型Cu-Fe或Fe-Cu矿；②133～127Ma产出矽卡岩型铁矿床和热液脉型金矿床。这表明鄂东南地区成岩成矿大致处于长江中下游第一、第二阶段。九瑞矿集区以矿种铜、金、钼为主，产出数个大型铜矿，该地区的岩浆岩活动集中于148±1Ma至138.2±1.8Ma，该时间段内正处于长江中下游第一阶段成矿期。安庆—贵池区域盛产铜钼矿、金矿以及铅锌矿等，岩浆活动和成矿作用集中在140±5Ma左右，也就是长江中下游第一阶段铜金成矿期，并且认为125±5Ma阶段即长江中下游第三阶段成矿作用差，因为该时间段内目前未发现大型金属矿产。断隆区的铜陵矿集区丰产铜、金矿产，主要成矿时期集中在144.2～134.8Ma，成矿作用与燕山期的岩浆活动密切相关，属于长江中下游第一阶段岩浆活动时期的产物。作为断陷区的庐枞中生代火山岩盆地产出众多铁、铜、金、铅、锌、铀矿床，对应于第二和第三期岩浆活动的产物。而同为火山岩盆地的宁芜地区作为玢岩型铁矿床最主要的产区，发现有少量铜金矿床，玢岩型铁矿化主要形成于131～126Ma，处于长江中下游第二成岩成矿阶段。宁镇地区作为长江中下游最北、东端矿集区，其成矿作用可能比较晚（109～101Ma）。

1.3 矿产资源分布

1.3.1 长江中下游矿产资源分布

长江中下游成矿带内矿床丰富（图1-3），主要是在铜陵、鄂东南、九瑞、安庆-贵池矿集区等断隆区形成矽卡岩-斑岩型铜金矿床，在一些火山岩盆地断凹区如溧水、溧阳、宁芜、繁昌、庐枞、怀宁、金牛盆地产出玢岩型铁矿。从各个矿集区来看，铜陵区域矿床以铜为主，金、硫、铁等次之，并有银、铅、锌、钼等，主要矿床有铜官山矿床、金口岭铜矿、狮子山铜矿田［包括东狮子山铜矿、老鸦岭铜（钼）矿、大团山铜（金）矿、冬瓜山铜矿等］、新桥铜铁硫矿床和凤凰山铜矿田（包括药园山铜矿床、铁山头铜矿床、仙人冲铜矿床等）及沙滩角铜矿田（包括沙滩角铜矿、戴腰山铜矿、破头山铜矿等），还有众多的小型铜矿床和铜矿点。庐枞地区主要是有罗河、龙桥、大鲍庄铁矿，大鲍庄、何家小岭硫铁矿，沙溪铜矿，岳山中型铅锌银矿，井边小型铜矿等。宁芜地区主要是梅山、钟山、姑山等铁矿床。安庆地区月山矿田区域主要是安庆铜铁矿床、龙门山铜矿床、铜牛井矿床等。贵池地区重要的大中型矿床有黄山岭钼多金属矿床，百丈岩大型钨矿，马头、西山钼矿，铜山铜矿，抛刀岭大型金矿，许桥银矿，吕山金矿，兆告口铅锌多金属矿。鄂东南—九瑞地区的代表性矿床有黄石大冶铁矿、铜绿山铜矿、铜山口铜钼矿、城门山铜矿、武山铜矿、封山洞铜钼矿等。滁州—宁镇地区的代表性有铜金矿床如琅琊山铜矿和安基山铜金矿等。

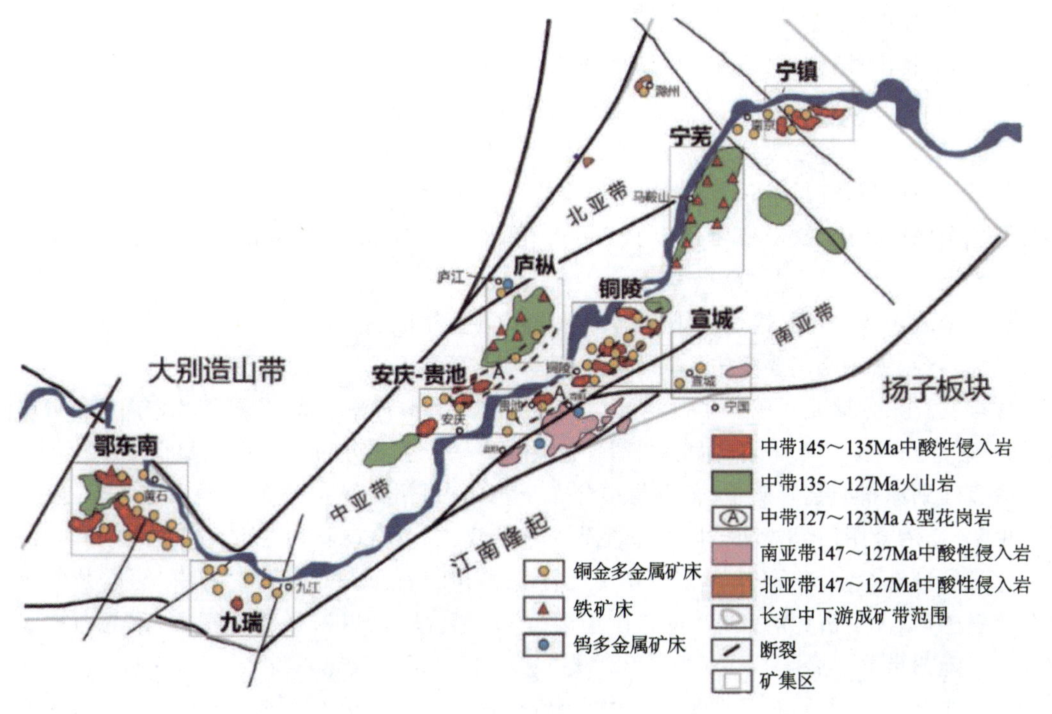

图1-3 长江中下游成矿带分布示意图

1.3.2 湖北省矿产资源分布

湖北省地层发育比较齐全，岩浆活动比较强烈，地质构造复杂，矿产资源比较丰富。

1. 矿产资源种类多

湖北省已发现150个矿种、190个亚矿种，已查明资源储量的各类矿产102种、亚矿种111种，分别占全国已发现173个矿种、已查明163个矿种的86.7%和62.57%。其中能源矿产7种，金属矿产41种，非金属矿产42种，水气矿产2种。

湖北省有59种（亚矿种）矿产保有资源储量居全国同类矿产资源储量前10位，其中有20种（亚矿种）矿产的资源储量居全国同类矿产资源储量前3位，有8种矿产的资源储量居全国同类矿产资源储量之首。钛矿（金红石 TiO_2）、累托石黏土、碘、溴、石榴子石（矿石）等矿产在全国同类矿产查明资源储量中占有50%以上的绝对优势。

2. 化工、建材及部分冶金矿产丰富，能源等矿产短缺

湖北省磷、岩盐、石膏、芒硝、水泥灰岩、铁、铜等矿产资源较为丰富；水泥配料、玻璃硅质原料、冶金辅助原料、建筑用花岗岩、饰面石材等矿产资源前景较好；钛、钒、镁、铌、钽、铷、铯、锂、铊、稀土、硒、锶、金、银、铅、锌、溴、碘、硼、石墨、重晶石、化工云岩、膨润土、耐火黏土、累托石黏土、石榴子石、化肥用橄榄岩、建筑用辉绿岩等矿产和地热、矿泉水矿产资源潜力较大；菊花石、百鹤玉、绿松石等矿产具地方特色。但湖北省缺煤、少油、乏气，铝、钨、锡、钼、锑等矿产资源前景不容乐观，铂族金属、钾盐、铬铁矿等矿产资源严重短缺。

3. 资源分布广泛，地域特色明显

全省13个市(州)和4个省直管行政区均有矿产资源分布。受成矿地质条件的制约，不同行政区有不同的矿产资源组合，显示较为明显的地区差异，形成不同矿产的相对集中区(表1-2)。

能源矿产中，石油主要产于潜江市、天门市，天然气集中分布于恩施州的利川市，煤矿相对集中于恩施州、宜昌市和黄石市，地热主要分布于黄冈市、咸宁市等地。

黑色金属矿产中，铁矿集中分布于黄石市、鄂州市、宜昌市和恩施州，钛、钒等矿产主要集中在十堰市。

有色金属矿产中，铜、铅、锌、钴、钨、钼等矿产主要分布于黄石市。

贵金属金、银矿产主要集中于黄石市，其次为咸宁市、十堰市和宜昌市。

稀有、稀土、分散元素矿产中，稀有元素矿产主要分布于潜江市、黄石市、咸宁市和十堰市，稀土矿产主要集中于十堰市和咸宁市，分散元素矿产主要分布于黄石市和宜昌市。

冶金辅助原料非金属矿中，萤石集中分布于黄冈市，耐火黏土分布于襄阳市和恩施州，熔剂用灰岩、冶金用白云岩和硅质岩主要分布于武汉市、黄石市和宜昌市。

化工原料非金属矿产中，磷矿集中分布于宜昌市、荆门市和襄阳市、神农架，岩盐集中分布于孝感市、天门市和潜江市，硫铁矿主要分布于宜昌市、恩施州和黄石市，重晶石矿集中分布于随州市。

建材非金属矿产中，石墨矿集中产于宜昌市，石膏矿主要分布在荆门市和孝感市，水泥用灰岩相对集中于荆门市、黄石市和宜昌市，玻璃用硅质岩类矿产主要分布在武汉市、宜昌市和黄冈市。

4. 共伴生矿床多，主要矿产集中度较高

全省有共伴生金属矿床达153处、非金属矿床90处，共计243处。其中金属矿床共伴生矿种组合主要有铜铁、铜金、银金、银钒、铅锌铜、铜钼、钨钼、铅锌锶、铅锌、铌钽、铝铁、轻重稀土元素矿产等；非金属矿床共伴生矿种组合主要有石灰岩与白云岩、不同硅质原料类矿产、溴碘硼、岩盐、芒硝、煤硫铁矿耐火黏土等。

除此之外，在部分矿床中金属矿产与非金属矿产共、伴生，如铁、铜矿床中伴生有硫铁矿，石榴子石与金红石共生，天然卤水中伴生稀有金属矿产等。据统计，80%的有色金属与稀有金属和24%的铁、84%的金、80%的银赋存于共伴生矿床中；镍、钴、铌、锂、锆、铷、锗、镓、铟、铊、铼、镉、碲等矿产均以伴生形式产出。

共伴生矿床多，一方面为冶金、化工、建材等工业发展提供了较多可以匹配开发的矿产资源，另一方面加大了资源开发利用的技术难度，增加了开发利用成本。上述共伴生矿床中，除铁、铜、铅、锌、金、银等随主矿的开采得到综合回收利用外，多数矿种由于主矿床未被开采或因选冶技术等原因未被开发利用。

表 1-2 湖北省重要矿产资源矿产地储量及分布情况

矿种	矿产地/处	单位	累计查明资源储量	保有资源储量		分布
				储量	占累计查明比/%	
煤炭	292	$\times10^3$ t	1 257 560	841 722	66.93	宜昌市、恩施州、荆门市及黄石市
铁矿	242	$\times10^3$ t	3 707 432	3 226 932	87.04	黄石市、鄂州市、宜昌市、恩施州及十堰市
铜矿	154	t(铜金属量)	5 348 795	2 172 690	41.39	黄石市和鄂州市
金矿	135	kg(金金属量)	378 813	179 384	47.35	大冶市、阳新县、嘉鱼县、夷陵区、秭归县及郧县
银矿	100	t(银金属量)	8239	5124	62.19	大冶市、阳新县、兴山县、长阳县及竹山县
铅矿	43	t(铅金属量)	494 173	437 534	88.54	黄石市(市辖区)、武穴市、竹山县、当阳市、房县及神农架林区
锌矿	45	t(锌金属量)	1 686 905	1 545 924	91.64	黄石市(市辖区)、武穴市、竹山县、当阳市及神农架林区
钨矿	14	t(WO_3)	78 145	45 741	58.53	大冶市和阳新县
磷矿	139	$\times10^3$ t	8 212 401	7 486 751	91.16	夷陵区、远安县、兴山县、神农架林区、钟祥市、保康县、大悟县及鹤峰县
盐矿	23	$\times10^3$ t(NaCl)	27 776 121	27 532 961	99.13	云梦县、应城市、天门市及潜江市
芒硝	20	$\times10^3$ t(Na_2SO_4)	2 059 271	2 043 838	99.25	云梦县、应城市、天门市及潜江市
石膏	29	$\times10^3$ t	2 883 294	2 710 873	94.02	荆门市(市辖区)、应城市、云梦县、为阳市及江夏区
硫铁矿	109	$\times10^3$ t(矿石)	323 123	301 113	93.19	宜昌市、恩施州、鄂州市及黄石市
		$\times10^3$ t(伴生硫)	211 240	10 883	51.52	
水泥用灰岩	92	$\times10^3$ t	464 699	400 946	86.28	荆门市、宜昌市、黄石市
溶剂用灰岩	21	$\times10^3$ t	805 837	706 730	87.70	宜都市、大冶市及江夏区
建筑用石料	13	$\times10^3$ m^3	262 928	248 384	94.47	武汉市、黄石市、荆门市、咸宁市、恩施市
饰面用石材	26	$\times10^3$ m^3	435 408	433 979	99.67	十堰市、宜昌市、咸宁市等
地热	25	kW	16 283 66$\times10^3$			咸宁市、黄冈市、荆门市

全省共发现非油气类固体矿产地2051处，其中：大型189处，中型351处，小型及矿点1511处，主要以小型及矿点规模为主（图1-4）。全省80%以上的铁、铜、岩金、银、石墨、磷、硫、芒硝、石膏、水泥用灰岩、岩盐等主要矿产资源储量被大中型矿区（矿床）占有。全省92%的铁矿分布在鄂西南和鄂东南地区，99%的铜矿分布在鄂东南地区，94%的磷矿分布在鄂西地区，99%的岩盐、芒硝和100%的石油分布在鄂中南地区。主要矿产集中度高，有利于建立较完备的、规模化的矿业及矿产加工业体系。

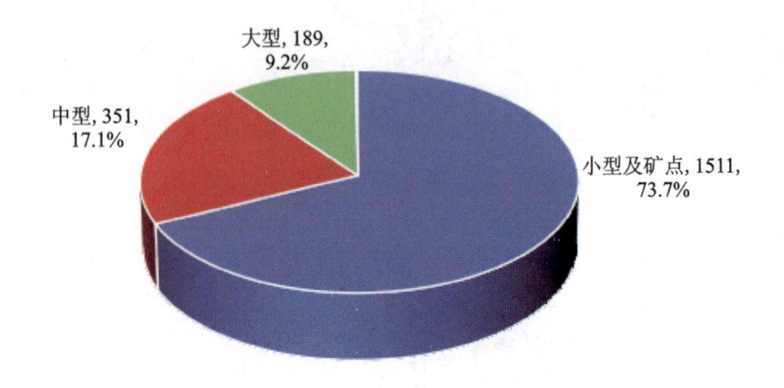

图1-4　湖北省矿区规模比例图

全省中贫矿多，富矿少，矿石质量差。金属矿产中，除矽卡岩型铁、铜，热液交代型金，变质火山沉积岩型银等矿产矿石品位较高外，大多数矿床，如铅、锌、铝、锰、沉积型铁、岩浆型铁等矿产，一般多为中、低品位矿石，其中全省中贫铁矿资源储量占铁矿总量的73%。

非金属矿产中，仅有磷、岩盐、芒硝、石膏、石灰岩等矿床品位较高，其他非金属矿床一般品位较低。省内煤矿层薄、面广、质差；高磷赤铁矿、铝土矿、锰矿、钛（金红石）矿、稀土矿、磷矿、硫铁矿等矿产有害杂质含量高、矿物嵌布粒度细、矿石质量差、开发利用成本高。

由于矿石难选、品位低，或共、伴生矿不能综合回收等原因，在已查明的矿产资源中，次边际经济、无可采、预可采储量矿产比重较大，在目前条件下还难以开发利用。据全省矿产资源储量套改成果，钛（金红石）、溴、稀土、硼、硒、汞、铬等35种矿产无可采、预可采储量，占全省已查明资源储量矿产的3%以上；钛、稀土、透辉石等17种矿产已查明资源储量均为次边际经济资源量；铁、锑、钼、铝土矿、硒、普通萤石6种矿产的次边际经济资源量亦占其总资源储量的50%以上。

总之，全省查明资源储量的矿产中，磷、岩盐、芒硝、石膏、水泥用石灰岩5种矿产资源储量大、开发利用条件好、市场前景广阔且在国民经济和社会发展中具有重要地位，为湖北省的优势矿产。金、银、铅、锌、钒、石墨、饰面石材、玻璃用硅质原料、冶金辅助原料类等矿产有良好的发展前景。曾一度为湖北省优势资源的铁、铜等矿产，随着采选能力增强，需求不断增大，新增资源储量不足而成为紧缺资源。高磷赤铁矿、金红石、稀土和累托石黏土等矿产由于选矿等原因目前尚难以开发利用，属潜在资源。

第2章 非煤矿山水文地质条件分析

长江中下游指长江三峡以东的中下游地区，地跨湖北、湖南、江西、安徽、江苏等省级行政区。它西起巫山，东至黄海，北到大别山，南到江南丘陵，东西横跨约1000km，南北横穿400余千米，总占地约20万km^2。长江中下游以平原为主，这里位于中低纬度地区，属亚热带季风气候，全年温暖湿润，年均14～18℃，降水在1000～1500mm之间，是我国重要的农业生产地区。以长江为中心的水系非常密集，因为其独特的环境情况，水资源非常丰富，同时也有丰富的动植物资源以及一些矿产资源，其有色金属在中国占有重要地位。

湖北省位于长江中游、洞庭湖以北。地跨东经108°21′42″—116°07′50″、北纬29°01′53″—33°6′47″。东邻安徽，南接江西、湖南，西连重庆，西北与陕西接壤，北与河南毗邻。东西长约740km，南北宽约470km。全省总面积18.59万km^2，占全国总面积的1.9%。其中，山地占56%，丘陵占24%，平原湖区占20%，属长江水系。

据相关水文统计，湖北省内除长江、汉江干流外，河长超过5km的河流共有4228条，河流总长达5.92万km，其中41条河流的河长超过100km。除了河流资源丰富外，湖北省也有丰富的湖泊资源，故有“千湖之省”的美誉。根据湖北省水利厅颁布的《2021年湖北省湖泊保护与管理白皮书》统计，湖北省内现有湖泊755个，主要分布在江汉平原上；湖泊水面面积合计2 706.851km^2。其中，100km^2以上的湖泊有洪湖、长湖、梁子湖、斧头湖等。

水文循环是水系、陆地和大气之间相互作用中最活跃且最重要的枢纽。降水、蒸发和径流是水文循环的基本要素，受到气候变化的影响最为显著。因此气候成为了影响水文特征的一大重要因素。湖北省地处亚热带，位于典型的季风区内，全省除高山地区外，大部分为亚热带季风性湿润气候，光能充足，热量丰富，无霜期长，降水充沛，雨热同季。全省无霜期在230～300d之间，各地平均降水量在800～1600mm之间。降水地域分布呈由南向北递减趋势，鄂西南最多达1400～1600mm，鄂西北最少为800～1000mm。降水量分布有明显的季节变化，一般是夏季最多，冬季最少，全省夏季降水量在300～700mm之间，冬季降水量在30～190mm之间。6月中旬至7月中旬雨最多，强度最大，引发洪涝灾害的可能性大。

从地层学角度来看，湖北省第四系分布范围较广。省内地层发育齐全，岩浆活动较为强烈，地质构造复杂，矿产资源比较丰富。由于矿产资源是省内乃至全国经济发展和安全保障的重要物质基础，而矿产资源的大量、持续性开采导致安全事故时有发生。在众多的矿山安全隐患中，水害发生突然、人员难以逃生、容易导致恶劣的后果，必须引起高度重视。而且我国的矿山水害因地质条件复杂、开采方式、技术与设备装备具有明显的差异，导致安全事故频繁发生。同时,此类事故后果严重,造成大量人员伤亡和财产损失,对于矿产资源相关产业的发展产生了极大的阻碍。针对上述问题,以鄂东某金属地下开采矿山为例进行分析。

2.1 矿山自然地理条件

2.1.1 位置与交通

该矿区周围地势南高北低,为低山—丘陵—大冶湖盆地。南部为低山区,中部为丘陵区,地形起伏不大,一般标高为 30~60m,矿区主井工业场地标高约 54.15m(原始地形标高 69.14m),地表风化强烈,属剥蚀堆积地貌。北部为大冶湖盆地,标高在 14.5~19.5m 之间,湖底由湖积-冲积黏土、亚黏土层组成。矿区东部、北部是围湖造田堤坝,将湖水围隔在堤坝以东。矿体上部地表均为水田所覆盖。矿区周边交通便捷,铁路及公路十分发达,交通十分方便。

2.1.2 矿区地势地貌

矿区内地势南高北低。地势最高处是东南角的鹿耳山,标高 660.1m,最低为大冶湖,标高 14.5m。按相对高度及地貌成因的不同,可分出以下 3 个地貌单元。

1. 构造剥蚀低山丘陵区

构造剥蚀低山丘陵区位于区内的马叫至鹿耳山一带,一般标高在 100~500m 之间,最大相对切割深度大于 500m。山体主要由碳酸盐岩组成,基岩裸露,沟谷纵横,地表溶蚀沟槽、小型溶蚀洼地和落水洞等溶蚀形态发育。

2. 剥蚀堆积残丘区

剥蚀堆积残丘区位于大冶湖南至低山丘陵区之间,并包括低山丘陵区东、西两侧地段。此区内除有牯羊山、灵峰山等孤零屹立、相对高差为 70~200m 碳酸盐岩组成的残丘外,其他位置地面起伏不大,垄岗和沟谷交替出现,形成近南北向展布的条状地形。岗顶地段标高 40~150m,有零星基岩出露,大致以青山河为界,东侧以侵入岩为主。西侧则主要是碎屑岩,沟谷地段标高由 20~50m,谷宽 250~1250m 不等,是区内主要农业种植地。

3. 滞水堆积湖盆区

滞水堆积湖盆区处在区内北缘水域及其两岸地带,呈东西向的狭长带状。湖床平坦,略向东倾斜,标高 14.5~19.5m。地表及水域之下均为冲湖积、湖积黏土所分布。

2.2 矿山地质条件

2.2.1 矿区地质特征

本矿区内大面积第四系覆盖。第四系覆盖层下分布有下三叠统大冶组(T_1d)、中下三叠统嘉陵江组($T_{1-2}j$)、中三叠统蒲圻组(T_2p)、上侏罗统马架山组(J_3m)和下白垩统灵乡组(K_1l)。其地层层序见表2-1。

表2-1　矿区地层层序表

界	系	统	代号	厚度/m	岩性
新生界	第四系		Q	5～30	黏土、粉质黏土、亚砂土、砂砾石等
	上白垩统—古近系		K_2E_1g	＞2397	粗砂岩砾岩，时夹页岩等，局部夹玄武岩
中生界	白垩系	下统	K_1d	＞594	斑状安山岩、安山岩、凝灰岩、凝灰质页岩、火山角砾岩、集块岩等
			K_1l	131～501	安玄岩、紫红色细砂岩、粉砂岩、粉砂质黏土岩等
	侏罗系	上统	J_3m	＞810	以火山沉积角砾岩为主，次为杂砂岩、碎屑凝灰岩、凝灰质粉砂岩、粉砂质黏土岩
	三叠系	中统	T_2p^2	110～233	以紫红色泥质粉砂岩为主夹深灰色粉砂岩，含钙质结核
			T_2p^1	95～634	以深灰色细砂岩为主间夹泥质页岩，含铁质结核
		中—下统	$T_{1-2}j^4$	93～396	粉砂质泥岩、含泥质条带白云质大理岩
			$T_{1-2}j^3$	＞65	角砾状白云岩、白云质灰岩夹灰岩及角砾状灰岩
			$T_{1-2}j^2$	46～125	中厚层—厚层状灰岩
			$T_{1-2}j^1$	50～214	薄层夹厚层灰质白云岩，含石膏假晶白云岩
		下统	T_1d^4	91	上部为厚层白云质灰岩，下部为厚层灰岩
			T_1d^3	421	薄层夹中厚层泥质条带灰岩。

1. 下三叠统大冶组(T_1d)

该地层仅位于B矿区东北部-600m标高以下，由大冶组第三、第四两个岩性段的地层组成，由于岩体的侵入，均已接触变质形成大理岩、白云质大理岩。

大冶组第三岩性段（T_1d^3）：下部为薄层夹中厚层状大理岩，质纯，层理较发育，层内含泥质条带，具波状缝合线构造。中部为灰白色，米黄色薄至微薄层泥质条带大理岩。上部为灰白色、米黄色薄层夹中厚层状含泥质条带大理岩，与上覆地层为整合接触。

大冶组第四岩性段（T_1d^4）：下部为灰白色、白色厚层状大理岩，含方解石重结晶形成的巨鲕粒。上部为灰白色、粉红色厚层状白云质大理岩、白云石大理岩，含石膏假晶。

2. 中下三叠统嘉陵江组（$T_{1-2}j$）

该地层分布于A矿区深部和B矿区西南部一带。根据已有钻孔揭露，其埋藏标高为+10m至-1 548.60m以下，其产状变化大，自+10m至-1 400m标高，在剖面图上呈"S"形变化，形成上、下两个叠瓦式的平卧褶曲。$T_{1-2}j$组为区内主要的赋矿层位，由4个岩性段组成。

嘉陵江组第一岩性段（$T_{1-2}j^1$）：主要为紫红色薄层状白云石大理岩、白云质大理岩和角砾状白云石大理岩组成，层厚50～214m。

嘉陵江组第二岩性段（$T_{1-2}j^2$）：为灰白色、浅黄色薄层状大理岩、中厚层状大理岩，具泥质条带和缝合线构造，层厚46～125m。

嘉陵江组第三岩性段（$T_{1-2}j^3$）：全区分布最广，是A矿区主要的赋矿岩层，根据其岩性特征进一步细分为3个岩性组合。

第一岩组（$T_{1-2}j^{3-1}$）：为浅灰色薄层状白云石大理岩、白云质大理岩，视厚度大于150m。

第二岩组（$T_{1-2}j^{3-2}$）：为黄褐色、肉红色、灰白色和暗灰色中厚层状白云质大理岩，多具缝合线构造和角砾状构造，视厚度77～200m。

第三岩组（$T_{1-2}j^{3-3}$）：为灰白色、浅灰色厚层状白云质大理岩，局部夹大理岩，岩溶裂隙发育，视厚度大于110m。

嘉陵江组第四岩性段（$T_{1-2}j^4$）：在A矿区西北部026线ZK02618孔、034线ZK0341、ZK0342孔深部，在中下三叠统嘉陵江组第三岩性段灰质白云岩之上、中三叠统蒲圻组泥质粉砂岩之下，发现有一套深灰色含泥质条带大理岩、白云质大理岩夹粉砂质白云岩，上部夹粉砂质泥岩、粉砂岩透镜体，底部有不连续的灰岩和泥质灰岩，厚94～396m。以其含泥质条带、夹粉砂质泥岩明显区别于上下地层。与上覆地层为整合接触。

3. 中三叠统蒲圻组（T_2p）

该地层分布于A矿区西北部-410m标高以下，地表在猫儿铺以西的地区零星出露。由两段组成，下部以粉砂岩为主夹紫红色泥岩，紫红色泥岩内普遍含铁质结核，上部以泥岩、黏土岩为主夹灰绿色泥质粉砂岩，含较多的钙质结核。为矿液的主要隔挡层及零星小矿体的赋矿层位。

第一岩性段（T_2p^1）：为紫红色泥质粉砂岩、灰绿色粉砂岩夹紫红色粉砂质黏土岩，含铁质结核，厚95～634m。

第二岩性段（T_2p^2）：为紫红色泥岩、紫红色泥质粉砂岩、灰绿色的粉砂质黏土岩、黏土岩,含钙质结核,局部变质为角岩,厚110～233m。与上覆地层为不整合接触。

在028线ZK02811孔、034线ZK0342孔深部中三叠统蒲圻组紫红色泥质粉砂岩重复出现。

4. 上侏罗统马架山组(J_3m)

该地层主要分布于猫儿眼—鸡冠山—桃花嘴一线北西部,总体向北西倾斜,倾角低缓,走向北北东。岩性以火山沉积角砾岩为主,次为杂砂岩、碎屑凝灰岩、凝灰质粉砂岩、粉砂质黏土岩等。角砾的成分复杂,有石英二长闪长玢岩、闪长岩、砂页岩、粉砂岩以及铜铁矿石等角砾,多为方解石,硅质物紧密胶结。厚度65～505m,与下伏岩层为角度不整合接触。

在ZK02811孔－1200m标高见中下三叠统嘉陵江组白云质大理岩逆冲于马架山组杂角砾岩之上,两者呈断层接触。

5. 下白垩统灵乡组(K_1l)

该地层分布于A矿区北西侧,青山曹南部地区零星出露。其岩性由安玄岩、紫红色细砂岩、粉砂岩、粉砂质黏土岩等组成,以陆源碎屑沉积角砾岩为主,厚131～501m,与下伏地层呈角度不整合接触。

6. 第四系(Q)

区内广泛分布,工作区的北部、西部为湖积、冲-洪积黏土层,底部有厚约0～8m的含砾砂岩、角砾岩。南部、东部为冲积、冲-洪积层及残坡积层,其岩性为粉质黏土、亚砂土、砾石、碎石等,厚5～30m。

上述地层中,与区内铜金矿成矿关系最密切的地层为中下三叠统嘉陵江组($T_{1-2}j$)第三岩性段第一、第三岩组的灰白色大理岩、白云质大理岩和第四岩性段的含泥质条带白云质大理岩。

2.2.2 矿区构造分析

矿区处复式向斜南翼的次级褶皱的主要构造类型有隐伏褶皱构造、断裂—侵入接触复合构造和断裂构造(图2-1)。

1. 隐伏褶皱构造

区内褶皱全部为隐伏褶皱,由于岩体的侵入,其形态保存不完整。从北向南依次分布有①号、②号、③号、④号、⑤号5个北西西向的次级隐伏褶皱和⑥号、⑦号、⑧号3个北北东向的叠加褶皱。

①号褶皱分布于B矿区北部3－11线,为隐伏背斜构造,轴长约400m,轴向约300°,核部由嘉陵江组第一岩性段的地层组成,两翼由嘉陵江组第二、第三岩性段的地层组成。

A矿区由北向南发育②号、③号、④号3个隐伏北西西向的隐伏背、向斜构造和一个叠加的北北东向隐伏背斜构造⑥号,北西西向的褶皱由北东向南西由浅到深侧列排布。②号隐伏背斜分布于矿区的015—019线－200m标高间,轴长约200m,轴向290°～300°,轴面倾向南西,倾角30°～50°,核部由嘉陵江组第三岩性段第一、第二岩组的薄层状白云质大理岩、

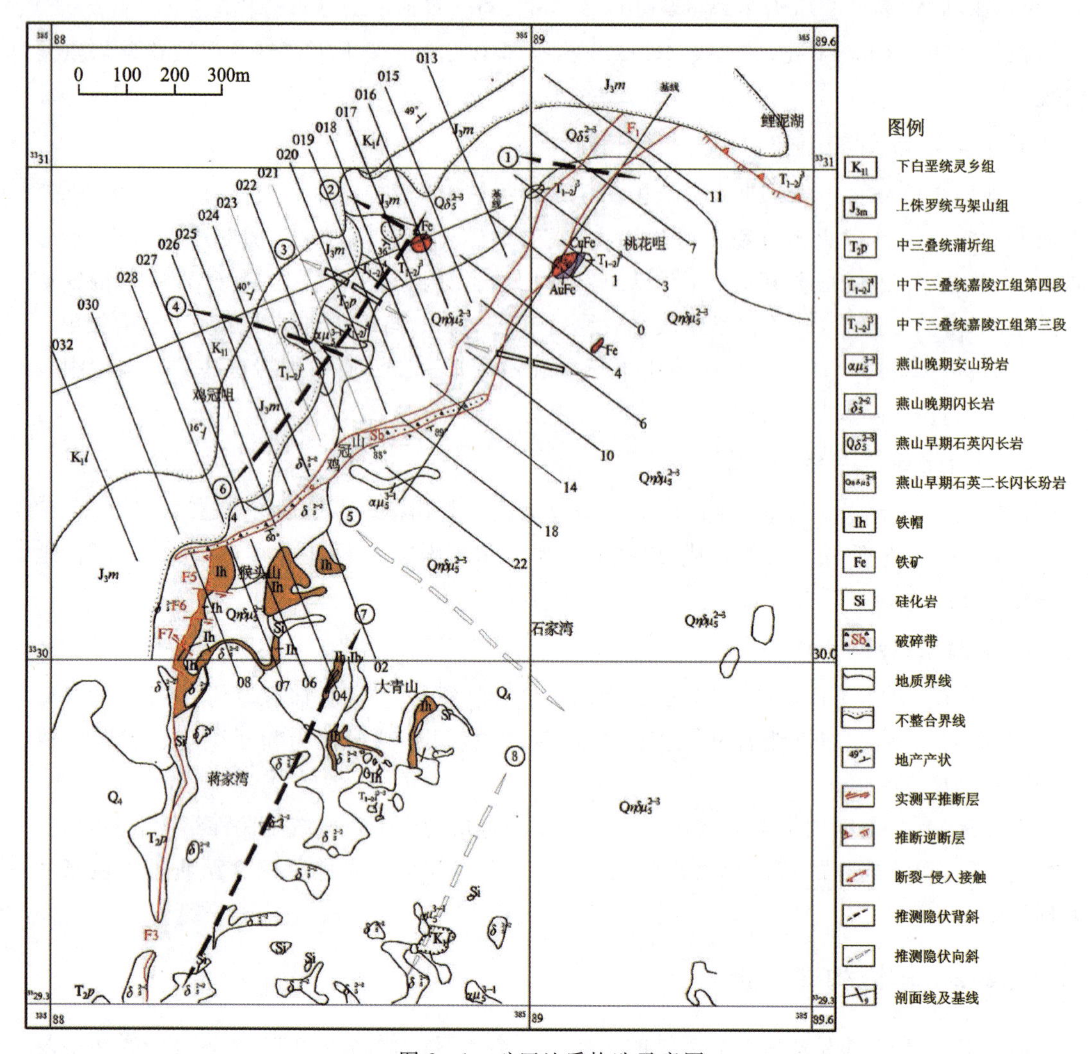

图 2-1 矿区地质构造示意图

褐红色中厚层状白云质大理岩组成，翼部由嘉陵江组第三岩性段第三岩组的浅灰色厚层状白云质大理岩组成，褶皱的西部和北东翼保存较完整，翼部地层的倾角变化较大，一般20°～35°。③号隐伏向斜分布于017—021线中部，轴长约350m，轴向290°～300°，倾向南西，倾角约72°，核部由蒲圻组组成，两翼由嘉陵江组组成。④号隐伏背斜分布于022—027线，轴长约300m，轴向250°～290°，倾向南西，倾角约72°，核部由蒲圻组组成，两翼由嘉陵江组组成。⑥号背斜叠加于②号、③号、④号隐伏背向斜之上，分布于A矿区013—028线间，背斜的轴向为北东30°左右，轴面倾向北西，倾角75°～80°，枢纽向北东扬起，核部地层被石英二长闪长玢岩吞噬，北西翼较发育，南东翼仅见于026线南，造成②号、③号、④号3个北西向隐伏褶皱的枢纽呈波状起伏。

⑤号向斜为推测的北西西向隐伏向斜。A 矿区 024 线南部 ZK02415 孔浅部见嘉陵江组第四岩性段的黏土质粉砂岩，深部出现嘉陵江组第三岩性段的大理岩，物探重力测量在大青山东部出现北西 290°～300°方向的重力高异常，推断存在一个北西西向的隐伏大理岩残留体，可能为向斜的一翼。推测该向斜的轴长约 800m，向斜的核部为嘉陵江组第四岩性段的地层，两翼可能为第三、第二岩性段的地层。

⑦号隐伏背斜分布于石家湾至蒋家湾一带，1∶50 000 区调查资料显示，本区存在一个北北东向隐伏褶皱构造。它的北西部，在周围某矿区 06 线、08 线钻孔内见有嘉陵江组第三岩性段的白云质大理岩残留体，倾向北西。它的东南部，虾子地 15 线、23 线钻孔内见隐伏嘉陵江组第三岩性段的白云质大理岩，倾向南东。物探重力资料显示，本区石英二长闪长玢岩内出现重力高异常，分布于石家湾—蒋家湾一线的东西两侧，呈大致对称分布，可能为褶皱两翼隐伏大理岩残留体的显示。根据上述资料分析，⑦号隐伏背斜轴向长度约 900m，轴面倾向北西，倾角约 85°，两翼均较发育，由于岩体的侵入，翼部地层多被分割成北北东向排列的大理岩残留体，北西翼较缓，南东翼较陡。

⑧号褶皱为隐伏向斜构造，分布于大青山一带。据物探重磁异常和虾子地铜矿普查的钻孔资料推测，该隐伏向斜轴向呈北东 30°左右，轴长约 700m，核部地层由嘉陵江组第二、第三岩性段的地层组成，翼部地层由嘉陵江组第三岩性段的地层组成，北西翼较发育。

2. 断裂-侵入接触复合构造

该构造分布于工作区东北部鲤泥湖矿区南，断裂的北盘为中下三叠统嘉陵江组的白云质大理岩，南盘为燕山早期侵入的石英二长闪长玢岩。断裂主要表现为构造破碎带，断面呈反“S”形，浅部倾向北北东，倾角 85°左右，深部转向南南西。断裂带内见有石英二长闪长玢岩、大理岩。主矿体受断裂-侵入接触带复合构造控制明显，是鲤泥湖铜铁矿区重要的控矿特征之一。

3. 断裂构造

区内的断裂构造十分发育，大的断裂构造有 4 处，分别为 F_1、F_2、F_3、F_4，区内各主要控矿断裂的特征如下。

1) F_1 断裂

F_1 断裂过 B 矿区，向北延伸，总体呈北东 30°～40°方向延伸，以构造破碎带的形式表现，断裂带宽 5～100m，长度大于 1000m，西南部和东北部被第四系掩盖。断裂出露地表，走向北东 20°左右，表现为构造破碎带，断裂破碎带由碎裂岩、构造角砾岩和少量的糜棱岩组成，角砾的成分主要为含硫化物的石英二长闪长玢岩、闪长岩、矽卡岩、大理岩、粉砂岩及磁铁矿矿石、含铜磁铁矿石等组成，局部见有近于直立的挤压透镜体。角砾岩的胶结物主要为碳酸盐及糜棱岩化的物质，局部见有细脉状分布的铜硫矿化。A 矿区 022 线、024 线、026 线南部的钻孔中均见规模不大的大理岩残留体，这些大理岩残留体彼此分离，裂隙十分发育，后期方解石多呈网脉状充填岩石裂隙，－200～－800m 孔段溶洞十分发育，在 026 线 ZK02617 的－680m 以下出现高达 12m 的无充填溶洞，022—026 线南部的石英二长闪长玢岩普遍具有强烈的高岭土化，裂隙发育。027 线、028 线、030 线、032 线南部的钻孔在

－600～－1100m蒲圻组泥质粉砂岩内普遍见构造角砾岩。

隐伏在石英二长闪长玢岩内的断裂，走向北东 30°～40°。B 矿区浅部的Ⅰ号矿体群在－100m 标高以上多赋存于岩体内的大理岩残留体内，这些小残留体呈带状分布，石英二长闪长玢岩裂隙发育，具强烈的高岭土化、绿泥石化。－300m 标高以下，Ⅱ号矿体呈略向北陡倾的长透镜状、薄板状侧列叠置，剖面上呈雁行状分布，矿体局限于不足 100m 的角砾岩带内，倾向延伸超过 1400m。矿山开采的坑道资料显示，18－3 线间－370m、－520m 标高，Ⅱ号主矿体赋存的大理岩、矽卡岩均为角砾状构造。矿体北西侧和南东侧均为构造破碎带为边界，14 线－520m 穿脉工程显示，断裂带北侧的总体倾向北，倾向 310°，倾角 82°，发育有宽约 8m 的强绿泥石化、碳酸盐化糜棱岩化带，含铜金矿石角砾，并见有细脉状、浸染状低品位铜硫矿化；断裂带南侧，在石英二长闪长玢岩内发育有宽约 6m 的强高岭土化、绿泥石化破碎带。

该断裂具有多期活动的特征，石英二长闪长玢岩侵位时，断裂初步形成，断裂带内裹携部分围岩地层，经接触交代作用形成矽卡岩或矽卡岩体大理岩，岩浆期后高中温热液交代形成富铜金铁矿体，后期继承性活动，切割已形成的铜金铁矿体，并在断裂带边部形成粗糜棱岩，伴随有强烈的绿泥石化、碳酸盐化和弱的铜硫矿化。

2）F_2断裂

F_2断裂带分布于 A 矿区和 B 矿区之间，总体呈北东 40°左右的带状分布，是 A 矿区和 B 矿区的分划性断裂。F_2断裂带为（石英）闪长岩岩墙充填，它将 A 矿区中下三叠统嘉陵江组的大理岩分割成矿区西北部大理岩和东南部大理岩，矿区西北部大理岩赋存鸡冠咀Ⅰ、Ⅱ、Ⅲ号矿体群，东南部大理岩赋存 A 矿区Ⅳ号、Ⅵ号矿体群，断裂带旁侧的次级雁状裂隙是重要的控矿构造。

3）F_3断裂

F_3断裂总体呈北东 10°左右方向延伸，断层带内构造角砾岩、碎裂岩发育，角砾岩带宽数米至几十米，断续见有铁帽分布，角砾的成分由褐铁矿化硅质岩、闪长岩、碎屑岩、大理岩等组成。该断裂长期活动，成矿前断裂与接触带复合，控制铜绿山岩株体的西部边界，成矿时其裂隙为黄铁矿、黄铜矿细脉充填，成矿后断裂又对矿体产生破坏作用，切断硫化物矿石角砾或细脉。

4）F_4断裂

F_4断裂分布于 A 矿区 021—034 线间－400～－900m 标高间，走向北东 15°左右，倾向南东，倾角 40°～60°。断裂面较平缓，呈舒缓波状，东陡西缓。断层带内发育有厚几米至 40 余米碎裂岩-粗糜棱岩系列的动力变质岩，构造角砾岩的成分主要为（石英）闪长岩、白云质大理岩、泥质粉砂岩，碳酸盐化较强，局部见细脉状、浸染状铜硫矿化。断裂带的下盘，蒲圻组和中下三叠统嘉陵江组重复出现，为一低角度的逆冲断层，是 A 工作区某矿体赋存的重要控矿构造，F_4 断裂是在岩体侵位过程中形成的。

F_4 断裂是区内重要的控岩控矿构造，将矿区分成上、下两个成矿空间，Ⅰ号、Ⅱ号、Ⅲ号矿体群赋存于 F_4 断裂的上盘，Ⅶ号矿体群赋存于断裂的下盘。对 F_4断裂的控制情况详见表 2－2。

表 2-2 F_4断裂构造的控制工程数量及控制程度

勘探线号	控制钻孔数/个	断裂发育程度	构造角砾岩厚度/m	控制程度
022	2	发育	27.31～28.78	大致查明
023	2	不发育	5.12～18.15	详细查明
024	5	发育	6.98～43.46	基本查明
025	7	非常发育	10.90～18.45	详细查明
026	12	非常发育	14.29～357.64	详细查明
027	8	非常发育	5.08～71.25	详细查明
028	7	非常发育	26.12～105.48	详细查明
030	1	发育	114.76	详细查明
合计	44	发育	5.08～357.64	详细查明

2.3 矿山水文条件

2.3.1 气象水文条件

本矿区地表水属长江水系，具体水系分布如图 2-2 所示。本地区最大的地表水体为大冶湖，湖域面积约 58.24km^2，汇水面积 1106km^2，平均水深约 3m，最高湖水标高为 23.31m，常年洪水位标高为 17.67m。工作区及周边地区的大气降水汇水于大冶湖后自西向东流入长江。

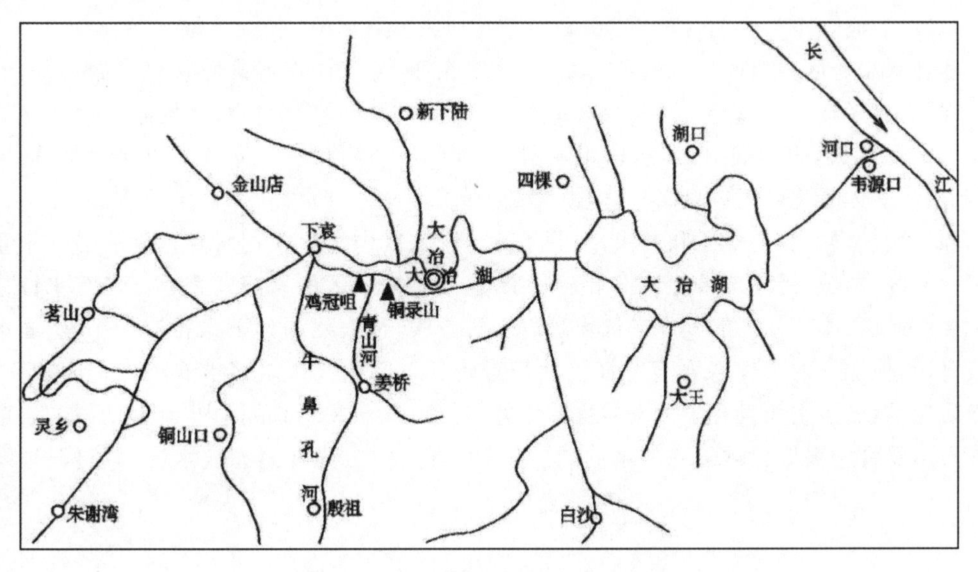

图 2-2 矿区附近水系分布示意图

一般情况下,大冶湖在矿区附近为一间歇性水域,雨季(每年5—11月)湖水上涨,水域变宽1~1.5km。枯水期时,大冶湖仅留一条中心河,湖水位降至标高15m左右,河宽10~100m不等,一般流量为1.96~3.27m^3/s,矿区附近经人工拓宽取直,取名为红旗渠。除大冶湖外,矿区附近还有青山河,该河发源于南部低山丘陵区的胡友山西侧,自南向北流经矿区东部注入红旗渠。此河为一间歇性溪流,平均水深小于0.5m,暴雨期间瞬时峰值流量达6.22m^3/s,一般流量为0.5万~5万m^3/d,邻近矿区河床位于侵入岩中。

2.3.2 岩组水文条件

岩溶主要由可溶岩与地下水相互作用产生。其主要原理是水、二氧化碳与可溶岩中的碳酸成分发生的化学反应。而岩溶结构引起的塌陷现象——岩溶塌陷是矿山地表塌陷的重要因素之一。诸多研究均表明,岩溶地面塌陷现象是多因素叠加的结果。其一般发展过程是:地下水对可溶性基岩的侵蚀,产生岩溶构造,岩溶构造上覆盖土由于受地下水的动力影响产生土洞,随着土洞不断扩大,地表随之塌陷。

1. 含水岩组

1)碳酸盐岩岩溶含水岩组

本含水岩组包括石炭系至中下三叠统嘉陵江组一套碳酸盐岩建造,但主要由下三叠统大冶组和嘉陵江组成。矿区岩组的岩性各异,但均经变质成大理岩类,且以厚层状为主,累计厚度234~658m。该区地表地下岩溶作用均较强,含水介质以溶洞为主,为本区内富水性最强的地段。泉流量1.18~68.0L/s,泉口标高50~350m。下窑段为中厚层状含燧石条带、团状大理岩,岩溶作用相对减弱,含水亦不丰,泉流量1.815L/s。由于上述位置多北西向断层穿切,沟通了其间水力联系,成为统一的含水体。地下水化学型以HCO_3-Ca型为主,矿化度0.109~0.367g/L。

下三叠统大冶组的含水部位为第二岩性段至第四岩性段及嘉陵江组。依其含水介质形态不一,可分为以溶洞含水为主和以溶隙含水为主的两个富水性不同的含水层。

(1)以溶洞含水为主的含水层(T_1d^4、$T_{1-2}j^{1-3}$)。

本含水层是区内金属矿床的主要充水围岩,由于A、B两个矿区隐伏背斜的核部,岩层变形强,纵张裂隙发育,岩溶作用发育深度大,因此溶洞的规模大。A矿区东南部大理岩受破碎带的影响大,岩石破碎,岩溶作用强烈。溶洞以下规律分布:平面上以接触带、断层破碎带、硫化矿体氧化带附近最密集,规模大、发育深。

除了大理岩本身的性质和结构,埋藏条件是影响区内岩溶作用发育程度的另一个重要因素。矿区内含水层埋藏条件显得复杂多变,造成不同位置的岩溶发育程度和富水性差别很大。A矿区015—023线间主矿体大理岩埋藏较浅,地表水与地下水径流作用强,岩溶作用发育,其他地段的大理岩岩溶发育程度相对较低。区内大理岩多被石英二长闪长玢岩、闪长岩包围,岩溶主要发育于大理岩残留体的顶部距顶0~20m范围内,其他地段的岩溶作用相对不发育。根据埋藏条件的不同,针对矿区可大致分为裸露型含水区和隐伏-埋藏型含水区。

(2)以溶隙含水为主的含水层(T_1d^{2-3})。

此层未见有泉水出露,位于第二岩性段内的供水井日出水量约300m^3。沿第三岩性段的泥质条带灰岩与其他岩性段接触界面附近有泉水分布,表明其透水性能较弱。

2)岩浆岩风化裂隙含水岩组($\gamma\delta$)

区域跨越3个岩浆侵入体,因岩浆岩浅部风化裂隙发育,结构松散而含水,但水量贫乏。深部除接触带部位含弱的裂隙水外,一般为相对隔水体。区内岩浆岩风化带发育深度各地不一,一般为10~60m,最深100.69m。单位涌水量0.017 6~0.025 0L/(s·m),渗透系数0.015 4~0.047 6m/d。水化学类型显得相对复杂,但仍以HCO_3-Ca型水为主,矿化度0.014~0.115g/L。

3)松散岩类孔隙含水岩组

本岩组由3个含水层组成,分别是湖积黏土裂隙孔洞含水层、冲积砂砾石和冲湖积砂及砂砾石孔隙含水层。各自的含水特征如下。

(1)湖积黏土裂隙孔洞含水层(Q^l):主要分布在矿区东侧和北侧的大冶湖区间歇性水域地带,岩性为黄褐色和杂色黏土及亚黏土,总厚4.43~11.36m。含水介质裂隙、孔洞的形成是因湖床间歇性的暴露产生失水收缩作用和植物根茎腐烂所致。含水段下限深度在地表以下2.46~4.00m。试坑和浅井提水结果,单位涌水量0.018~0.637L/(s·m),渗透系数0.163 9~1.797 3m/d。水位标高14.37~14.90m,水化学类型属HCO_3-Ca(或Ca·Mg)型,矿化度0.137~0.464g/L。本含水层在被人工围垦的地段,由于裂隙孔洞逐渐被弥合,富水性很弱,起相对隔水作用。

(2)冲积砂砾石孔隙含水层(Q^{al}):本含水层的含水部位是其下部的砂砾石层,分布范围小,厚3~8m不等,单位涌水量由0.788 0~1.77 2L/(s·m),渗透系数25.650 0m/d。

(3)冲湖积砂及砂砾石孔隙含水层(Qh^{al-dl}):分布在大冶湖的水域及两岸地带的黏性土之下,是本区孔隙含水层分布面积最大的含水层,矿区一带平均厚5.03m,上部以中细砂、下部为含泥砂砾石。

2.隔水岩组

区内起相对隔水层作用的岩层自老至新有:中志留统坟头组(S_2f)的泥质粉砂岩;上二叠统龙潭组(P_2l)和大隆组(P_2d)的碳质页岩、硅质岩和黏土质页岩;下三叠统大冶组第一岩性段(T_1d^1)钙质页岩夹泥灰岩;中三叠统蒲圻组(T_2p)粉砂质黏土岩;下白垩统(K_1)马架山组和灵乡组、架山组的杂角砾岩及其灵乡组的火山沉积角砾岩。此外,新鲜的岩浆岩也是区内相对隔水层。第四系起隔水层作用的有湖积层下部黏土(Qh^l)和中更新统的残坡积层(Qp_2^{el-dl})蠕虫状黏土。

2.3.3 地表水体分析

矿区属长江水系,大冶湖是该区地表、地下水的集散地。区内隐伏埋藏丘陵区,地下水受侧向补给后自南向北运动,通过泉水和片状分散流的方式向湖区排泄。大冶湖水量较大,水域西起下袁,东至韦源口汇入长江,蓄水量约$1\times10^8m^3$,属一中型浅水的断陷湖。矿区东南缘为青山河,青山河为间歇性溪流,水量相对较小。暴雨时湖水、河水猛涨,为雨季时常见的暂时性洪流是地表水的主要来源。

矿区的面积为2.4km^2，近矿区地段一般洪水水位标高+16.35m，历年最高洪水位标高+23.31m(1954年)，该水平可将矿区除主副井位置海拔相对较高区域约1.8万m^2工业场地不被淹没外，工作区淹没面积达2.382km^2，矿床整个地段基本全部淹没。矿区北侧约200m处为大冶湖中心河，宽10～100m不等，暴雨期间瞬时峰值流量达97.75m^3/s，一般流量为1.96～3.27m^3/s，矿区附近经人工拓宽取直，取名红旗渠。河床标高+13.17m，为当地最低侵蚀基准面，矿体即赋存侵蚀基准面之下。

此外，矿区附近有青山河流经，全长约5.5km，后经人工改道取直，并加宽至3～4m，部分河段用水泥衬砌。此河亦是一条间歇性溪流，平时水深小于0.5m，暴雨期间瞬时峰值流量达6.22m^3/s，一般流量为0.5万～5万m^3/d。邻近工作区河床位于岩浆岩中。

2.3.4 地下水分析

1. 地下水水质分析

1)A矿区

根据相关调查，A矿区地下水化学类型变化较大。取自大理岩裂隙、溶隙含水层的水样水化学类型为Cl－Na型，矿化度为1 893.50mg/L，其Cl^-含量(5.75mg/L)远大于HCO_3^-、Br^-，氟化物含量为7.40mg/L，并富含锶、锂等元素。此水化学类型和部分化学组分含量出现异常，表明了此处的地下水处在交替困难带(地下水径流缓慢、交替困难)，也说明这种地下水环境上部渗入水补给不强。根据《地下水质量标准》(GB/T 14848—2017)的规定，地下水质量综合类别为Ⅴ类，Ⅴ类指标为硫酸盐、氨氮、亚硝酸盐。

取自大理岩裂隙溶洞含水层的水样水化学类型为HCO_3－Ca型，矿化度为1 101.71mg/L，富含锶、锰等元素。从水质分析结果可以得出，本含水层地下水处于岩溶发育强带，径流速度较深部大理岩裂隙溶隙水快，水化学类型亦趋于正常。地下水质量综合类别为Ⅴ类，Ⅴ类指标为氯化物、钠、氟化物。

2)B矿区

在B矿区进行两组地下水质采样分析结果表明，水样S01、水样S05水质分析样(取矽卡岩矿体裂隙含水层)化学类型分别为SO_4－Ca·Mg、SO_4·HCO_3－Ca·Mg型，矿化度均在1260mg/L左右，镉(47.7μg/L和53.6μg/L)、钡(43.1μg/L和25.6μg/L)等微量元素含量明显较高，显示地下水径流缓慢、交替困难，同时与A矿区大理岩的水力联系密切程度较低。根据《地下水质量标准》(GB/T 14848—2017)，地下水质量综合类别为Ⅴ类，Ⅴ类指标为溶解性总固体、硫酸盐、镉。

此外，研究还进行了水的同位素分析，对氚(^3H)含量进行了检测，取样位置及检测结果见表2-3。^3H测年法可以定量确定地下水的滞留时间，是分析含水层的补给和排泄条件的较为常用的环境同位素法，但由于大气核试验的停止和核爆氚的衰变，降水中的氚浓度已接近天然水平，故本次检测结果显示的特征不甚明显。但从数据仍然可以得到以下结论。

(1)矽卡岩矿体裂隙水氚浓度均明显小于地表水，说明地下水环境上部入渗补给条件不强。

(2)取自同一含水层(矽卡岩矿体裂隙含水层)的3组水样,氚浓度明显存在一定差异,一方面说明该含水层内地下水交替缓慢,另一方面说明深部含水层导水裂隙分布的不均一性导致地下水运移路径相差较大。

表2-3 B矿区地下水水质同位

样品编号	采样位置	^{3}H(TU)	±(TU)	备注
S02	-720中段KZK22所在巷道出水点	8.4	0.3	矽卡岩矿体裂隙含水层
S04	地表水	10.9	0.3	
S05	KZK25孔	9.1	0.3	矽卡岩矿体裂隙含水层
S06	KZK20孔	7.7	0.2	矽卡岩矿体裂隙含水层

2. 地下水补给、径流和排泄分析

1)地下水补给条件

大气降水是区内各类地下水的总补给源,砂砾石孔隙地下水和岩浆岩裂隙水由于裸露地表直接接受大气降水补给。大理岩岩溶含水层的补给条件分述如下。

(1)A矿区主矿体大理岩。

A矿区主矿体大理岩岩溶含水层处在相对封闭状态,且上部有弱透水的岩(土)体覆盖或超覆,直接受降水和区域岩溶地下水径流补给欠佳。从早期钻孔抽水过程发生的种种迹象和井下涌水点流量衰减长期观测分析,A矿区主矿体受降水和区域岩溶地下水径流补给欠佳。其中,主矿体大理岩岩溶含水层平均底板标高在-300m以上,Ⅱ号、Ⅲ号矿体主要充水围岩,矿山开采已将其大面积拉通。

矿山在井巷开拓过程中也多次揭露出水层位为主矿体大理岩的涌水点,-220m以上的涌水点开始涌水量较大,随着开采的进行,涌水量逐渐减小直至仅在雨季有滴淋水现象。-220m以下涌水点涌水量都不大,经过1~2年的时间水量逐渐变小直至干枯。因此,主矿体大理岩涌水无区域岩溶地下水径流补给,主要为静储量。

2)A矿区东南部大理岩。

综合分析历年地下水水位长期观测资料、相关放水试验和示踪试验,可以得到以下结论。

①东南部大理岩岩溶含水层接受大气降水补给滞后。通过观测数据可知:一般在集中降水期结束后2个月左右,地下水水位才达到峰值,说明大气降水对东南部大理岩岩溶含水层补给滞后。

②东南部大理岩历年地下水水位呈下降趋势,且随着涌水点增加水位下降速率增大。统计建矿以来东南部大理岩地下水水位的变化,得到表2-4。由表可知,1989—1999年期间,矿山开采未揭露东南部大理岩涌水点。此阶段,东南部大理岩地下水水位下降缓慢,为1.13m/a,水位下降原因主要为对主矿体大理岩的补给。2000年左右矿山开始利用东南部大理岩岩溶含水层供水。东南部大理岩地下水水位开始急速下降,下降速率为11.07m/a,

随着矿山开采不断揭露东南部大理岩涌水点，地下水水位下降速率增大达到16.46m/a。但是到目前为止，矿山仍未大面积开拓东南部大理岩。

表2-4　东南部大理石地下水水位变化

<table>
<tr><th>年份</th><th>水位标高/m</th><th>水位下降速率/(m·a⁻¹)</th><th>备注</th></tr>
<tr><td>1989</td><td>10.98</td><td rowspan="2">1989—1999年水位下降速率1.13m/a</td><td></td></tr>
<tr><td>1999</td><td>−0.29</td><td>1999—2000年间施工供水井</td></tr>
<tr><td>2002</td><td>−33.51</td><td>1999—2002年水位下降速率11.07m/a</td><td>2001年7月−220m巷道掌子面突水</td></tr>
<tr><td>2010</td><td>−125.51</td><td>2002—2010年12月水位下降速率11.5m/a</td><td>2009年−420m中段、
−470m中段24线涌水</td></tr>
<tr><td>2011</td><td>−182.24</td><td rowspan="6">2010年12月—2016年9月水位
下降速率16.46m/a</td><td>2011年11月−270m中段废石仓涌水</td></tr>
<tr><td>2012</td><td>−178.23</td><td></td></tr>
<tr><td>2013</td><td>−194.23</td><td>2013年3月−370m中段28线涌水、
7月−370m中段27线KZK31孔涌水
和30线涌水</td></tr>
<tr><td>2014</td><td>−222.68</td><td></td></tr>
<tr><td>2015</td><td>−222.83</td><td>2015年9月−720m中段B—22线涌水</td></tr>
<tr><td>2016</td><td>−220.13</td><td>2016年5月−620m中段B—21线涌水</td></tr>
</table>

③放水试验过程中水位呈系统下降，放水试验后水位恢复极慢，且无法回升到原来的位置。矿山的4个放水孔先后开展了3次放水试验和3次水位恢复试验。放水试验过程中流量、水位呈系统的小阶梯状下降，需12天左右水位才趋于相对稳定。3次水位恢复过程中，水位回升速率极慢，其中第一次水位恢复试验，历时18d水位仍恢复不到放水前的位置。水位恢复试验结束后水位恢复情况见表2-5。

表2-5　地下水水位恢复情况

<table>
<tr><th>水位恢复试验次序</th><th>观测孔</th><th>放水试验前水位标高/m</th><th>恢复后水位标高/m</th><th>放水前后水位差/m</th></tr>
<tr><td rowspan="4">第一次恢复</td><td>1号压力表</td><td>−313</td><td>−352</td><td>−39</td></tr>
<tr><td>2号压力表</td><td>−284</td><td>−298</td><td>−14</td></tr>
<tr><td>3号压力表</td><td>−283</td><td>−293</td><td>−10</td></tr>
<tr><td>放水孔</td><td>−270.44</td><td>−282.89</td><td>−12.45</td></tr>
</table>

续表 2-5

水位恢复试验次序	观测孔	放水试验前水位标高/m	恢复后水位标高/m	放水前后水位差/m
第二次恢复	1号压力表	−352	−381	−29
	2号压力表	−298	−314	−16
	3号压力表	−293	−312	−19
	放水孔	−282.89	−297.04	−14.15
第三次恢复	1号压力表	−381	−433	−52
	2号压力表	−314	−333	−19
	3号压力表	−312	−338	−26
	放水孔	−297.04	−315.84	−18.80

综合以上分析，东南部大理岩接受大气降水与区域岩溶地下水补给条件欠佳。

(3)B矿区浅部大理岩。

以某一线为例，对B矿区浅部大理岩的补给条件进行分析。此线地段的浅部大理岩体，其侧边和下部为岩浆岩所限，上部与砂砾石孔隙含水层相接触。自然条件下地下水水位位于孔隙含水介质的上部。地下水水位年变化幅度2m左右，水位升降与降水间关系不完全吻合。因此，自然状态下地下水以接受风化裂隙水的侧向补给，再垂向补给孔隙含水层。通过分析早期的勘探资料可知，1990年后受西部的A矿区矿坑排水的影响，地下水也向矿坑汇集，表现在矿坑排水后1991年的平均水位标高比1987年低了0.79m(1992年降水量大于1987年)。

(4)B矿区深部大理岩。

深部大理岩埋藏深，且又受隔水的岩浆岩所围限，因而地下水循环交替处在困难的部位，突出的表现在下列几个方面。

①地下水水位升降变化与降水关系不吻合，水位涨落与当地的雨季开始和结束时间不吻合，出现滞后和提前现象。不仅如此，而且每次水位上升峰值的出现往往比降水结束推后10～15d。上述现象表明，矿区深部地下水接受降水就地补给量极少。可以说，矿区深部地下水的补给条件不佳，富水性弱。

②地下水显示出补给条件差，以“静”储量为主的特点。矿区深部含水介质地下水补给条件差，动储量不足。通过对B矿区深部大理岩涌水点流量衰减长期观测资料整理分析可知，涌水点流量在1～2年内迅速衰减为0，即B矿区深部大理岩地下水补给并不充沛。

③地下水化学类型和某些化学组分含量明显不同于浅部地下水。据采样分析结果资料，矿区深部地下水的化学类型为SO_4-Ca型，矿化度0.47g/L，且Cl^-含量大于HCO_3^-，TFe含量为4.40mg/L，Na^+为14.06mg/L，并富含Ba^{2+}、Sr^{2+}等离子。这种水化学类型和部分化学组分含量出现异常，显示了地下水处在交替困难带(地下水径流缓慢、交替困难)，

也说明这种地下水环境上部渗入水补给不强。

2)地下水径流排泄条件

A、B两矿区共用同一套井下生产系统,从开采至今已有近30年的开采历史,矿区地下水水位大幅下降,因此矿坑成为地下水的主要排泄区。地下水从矿坑周边向矿坑中心汇集,少量的以地表散浸、泉水的方式排泄。

3. 含水层间的水力联系

1)各大理岩间的水力联系

区内各大理岩体间周边均有裂隙不发育的岩浆岩包围,其间的水力联系一般较弱。

A矿区主矿体大理岩与东南部大理岩由于山脉破碎带的沟通,在浅部的水力联系较强,随着深度增加裂隙发育减弱两大理岩间的水力联系渐弱。

B矿区浅部大理岩分布范围有限,独立成一个体,与其他3块大理岩体的水力联系较弱。深部大理岩的主体分布于0线以东地段,0线以西成一狭长带状且多变质为矿体及矽卡岩,故其与A矿区大理岩的水力联系主要通过矽卡岩矿体裂隙含水层产生。矽卡岩矿体含水层在B矿区14—22线间通过山脉破碎带连接A矿区东南部大理岩浅部(主要在−270m标高以上),且从深部普查钻孔揭露情况来看,矽卡岩矿体含水层在−600m标高附近往下与东南部大理岩深部直接相连。但因矽卡岩矿体含水层的渗透性有限且连接通道较小,B矿区深部大理岩与A矿区的东南部大理岩的水力联系不甚密切。

2)大理岩与其他各含水层间的水力联系

岩浆岩与大理岩直接接触,且接触部位裂隙发育,为两者间的联系提供了条件。由于两者的渗透性能差异很大,因此水力联系程度不及大理岩体内部来的密切。

大理岩与构造破碎带之间的水力联系较强,断裂带及其周边的岩石较破碎,大多与地表水沟通,含水量丰富,补给较充沛,一般情况下,破碎带内的裂隙水对大理岩的岩溶水进行补给。

砂砾石层除在几个"水文地质窗"内与大理岩直接接触外,其余部位其间均有渗透性弱的岩层间隔。接触关系的不同,导致两岩层间的水力联系因地而异。总的来说岩溶地下水和孔隙水在"水文地质窗"处水力联系比其他位置密切。

4. 矿床充水因素

1)大气降水

大气降水为区内地下水的总补给源,矿区内地下水水位的升降与气象因素间关系极为密切。一般在集中降水期结束后2个月左右,东南部大理岩地下水水位达到峰值,大气降水通过区域径流补给东南部大理岩岩溶含水层,补给滞后,表明大气降水是影响矿坑涌水量变化的一个间接因素。

A矿区的地下水水位逢雨上升、遇旱下降,受降水量的多寡制约明显。同时由于A矿区目前在上部开采疏排地下水,削弱了大气降水对A矿区矿体开采的影响,属间接充水水源。

B矿区内各含水层地下水水位均受到降水不同程度影响。其中,深部大理岩溶蚀裂隙含水层地下水水位在大至暴雨后峰值滞后近半个月,小至中雨影响不明显。且矿山目前在浅部开采对降水入渗有一定截留,因此,降水对深部矿体矿坑充水的影响仅起着抬高区内地下水水位,增大季节性涌水量的作用。只有当矿体采空区扩大,顶板围岩变形破坏扩及地表的条件下,方能成为左右矿坑涌水量增减的一个因素。

2)地表水

矿区靠近湖区,矿床地段为围湖垦区,地势低平,网格状人工沟渠密布。因此,地表水是一种威胁性的充水因素。在自然条件下,湖水只能以越流形式补给矿坑而不属矿坑直接充水因素。而且威胁性充水只能在湖水淹没矿区或连续大暴雨造成矿区内涝渍水的情况下才能出现。另外,由于矿山开采,地表水通过塌陷、开裂等地面变形破坏处及"水文地质天窗"的渗(灌)入而对矿坑充水,为矿山开采可能存在的直接充水因素。

3)地下水

(1)第四系冲湖积砂砾石孔隙水。

冲湖积砂砾石孔隙含水层位于地表浅部,对Ⅳ号、Ⅶ号矿体开采影响不大。天然状态下,第四系冲湖积砂砾石孔隙水将通过水文地质天窗源源不断地补给岩溶水后进入矿坑,是一间接充水岩层。随着矿山近些年对地表岩溶塌陷区及浅部采空区的治理,水文地质天窗数量减少,第四系冲湖积砂砾石孔隙水对矿坑水的补给减少。

(2)侵入岩风化裂隙、裂隙水。

侵入岩风化裂隙、裂隙水发育较浅,富水性较弱,是A矿的Ⅱ号、Ⅲ号矿体的主要充水围岩之一,离Ⅳ号、Ⅶ号矿体较远,因此对矿区中深部开采的影响不大。但侵入岩风化裂隙、裂隙水与大理岩岩溶水水力联系较密切,因此,是矿坑的间接充水围岩之一。

(3)大理岩岩溶水。

分为主矿体大理岩和东南部大理岩,两大理岩均富水性强、渗透性能好。主矿体大理岩分布范围有限,补给条件欠佳,矿山多年开采已将其静储量基本疏干,因此对矿坑充水的经常性补给量不足。东南部大理岩与其南区区域地下水有弱水力联系,区域地下水是矿坑的间接充水因素。另外,东南部大理岩静储量未疏干且局部洞隙集中发育,是引起未来矿坑产生突然性溃水的一个主要因素。

(4)封闭不合格钻孔对矿坑充水影响的分析。

A矿区在各勘查工作阶段前后施工200多个钻孔,存在一些钻孔未进行封闭或未完全按封孔质量要求进行封孔情况,未封闭或未按要求封闭钻孔将是一个人工通道,造成矿坑涌水量增加,也是一个充水因素。

(5)老窿水。

A矿区为多年生产矿山,由于早期的民采、盗采,形成了许多采空区,矿山虽进行了充填,但不可避免有遗漏点存在老窿积水,因此,老窿水属矿坑充水因素之一,但老窿水补给量(或突水量)之大小属不确定因素。

5. 矿坑涌水量估算

矿坑涌水量估算是矿床水文地质分析的重要组成部分,它不仅是确定矿床水文地质类型、对矿床进行技术经济评价及合理开发的重要指标之一,更是制订开采方案、确定排水能力和制订疏干措施的主要依据。

1)浅部矿坑涌水量估算

根据比拟法、涌水量曲线方程法、数值法3种计算方法对-570m中段矿坑正常涌水量及最大涌水量进行计算,具体计算结果见表2-6。其中矿坑最大涌水量(不包括较封闭的老窿、大气降水沿塌陷坑倒灌可能形成的突水量)为矿坑正常涌水量乘以系数1.2,1.2为矿山日最大排水量与日平均排水量的比值。

表2-6 矿坑涌水量估算结果

	比拟法	涌水量曲线方程法	数值法
正常涌水量/($m^3 \cdot d^{-1}$)	3928	6688	8463
最大涌水量/($m^3 \cdot d^{-1}$)	4714	8026	

对比分析上述方法可知,比拟法估算的流量为疏干后稳定流量,而数值法和涌水量曲线方程法估算的流量为疏干流量,这也是前者估算的涌水量小于后两者的原因之一。

采用比拟法估算矿坑涌水量,估算结果比较可靠,可作为矿山矿坑涌水量设计的参考依据。涌水量曲线方程法估算的矿坑涌水量,推算降深与实际降深差别过大,存在一定误差,故所预测的涌水量只能供设计开采部门参考。“数值法”是对基于概化的水文地质模型进行预测,预测结果的精度受水文地质参数的不确定性以及样本的数量、控制程度等因素影响,涌水量估算结果供设计开采部门参考。

2)深部矿坑涌水量预测

针对深部矿体涌水量的估算,以矿山A矿区某矿体(下文称为C矿体)为例估算矿坑的涌水量。

(1)估算中段的设置。

C矿体的主矿体埋藏标高在-630～-1409m间,根据矿体在垂向上的分布情况,按照矿山每50m一中段,估算-870m水平矿坑涌水量。

(2)设立边界条件。

C矿体主要充水围岩为大理岩裂隙溶隙含水层,矿床东、西两侧均为隔水层,南、北尚未控制视为开放边界,故此矿体水文地质边界条件为平行隔水边界。

(3)涌水量估算模型。

预测采用地下水动力学大井法。C矿体主要充水含水层为东南部大理岩深部裂隙溶蚀含水层,水头性质为承压,疏干排水后水头性质转为承压转无压;根据钻孔资料,含水层底板平均标高1 053.6m,-870m以下含水层厚度约183.6m,根据萨马林有效带求出的有效含水层深度远超含水层底板,故井型为承压转无压完整井。计算公式为

$$Q=\frac{\pi K[(2H-M)M-h_0^2]}{\ln\frac{b}{\pi r}+\frac{\pi R}{2b}} \tag{2-1}$$

$$R=10S\sqrt{K} \tag{2-2}$$

式中：Q 为矿坑涌水量(m^3/d)；K 为含水层渗透系数(m/d)；H 为含水层底板至静水位之间的高度(m)；M 为含水层厚度(m)；h_0 为动水位至含水层底板的高度(m)；R 为引用影响半径(m)；b 为井中心隔水边界距离(m)；r 为大井半径(m)；S 为降深(m)。

上述公式的一些计算参数需要通过相关的实验确定，如渗透系数 K、井中心到隔水边界距离 b 和降深 S 等。

计算的－870m 中段正常矿坑涌水量计算结果为

$$Q=\frac{\pi K[(2H-M)M-h_0^2]}{\ln\frac{b}{\pi r}+\frac{\pi R}{2b}}=1283m^3/d$$

利用"大井法"估算的矿坑涌水量为矿坑正常涌水量，矿坑最大涌水量则估算雨季的矿坑涌水量(不包括封闭的老窿、大气降水沿塌陷坑倒灌可能形成的突水量)，矿坑日最大排水量取 2010 年 8 月日均排水量 $3127m^3/d$，矿山多年日平均排水量为 1 903.84m^3/d，据此得出矿坑排水量比值为 1.65。矿坑最大涌水量(不包括较封闭的老窿、大气降水沿塌陷坑倒灌可能形成的突水量)$Q_{max}=A\times Q$，正常为 $2117m^3/d$。

在上述的 A 矿区 C 矿体涌水量估算模型中，利用的渗透系数 k 值是在综合对比详查放水试验和本次压水试验成果的基础上选取，符合实际情况。水文地质边界条件是根据钻孔编录和钻孔抽水试验等综合成果确定的，其位置基本可靠；利用"大井法"估算矿坑涌水量所采用的平行隔水边界的物理模型是基本合理的。此外，矿坑涌水量估算采用的数学模型都是根据矿区实际情况及边界条件进行概化的，比较准确。

应用"稳定流大井法"平行隔水边界估算矿坑涌水量，估算结果表明 A 矿区 C 矿体－870m中段矿坑正常涌水量为 $1283m^3/d$，本次矿坑涌水量估算结果为浅部矿体开采疏排水条件下的涌水量。矿坑最大涌水量是根据矿山排水记录日最大排水量与多年年平均排水量之比值计算，据此得出矿坑最大涌水量(不包括较封闭的老窿、大气降水沿塌陷坑倒灌可能形成的突水量)为 $2117m^3/d$。

2.3.5　矿区水文地质条件综合评价

矿区内地势南高北低，区内大面积由第四系覆盖。矿区各矿体赋存在当地侵蚀基准面以下，矿区濒临大冶湖，特大洪水期湖水溃堤可将矿床地段全部淹没，并有可能通过地面变形渗入地下，对矿床充水具有较大的威胁，平时湖水和岩溶地下水间无直接的水力联系，对矿床充水影响不大。浅部矿体直接充水围岩是构成矿体顶底板的大理岩，岩溶发育中等，富水性中—强，但为一矩形封闭含水体，补给条件欠佳，地下水易被疏干。Ⅶ号矿体大理岩岩溶不发育，富水性、渗透性弱。矿坑充水、地下水补给主要来自第四系砂砾石层孔隙水的间接补给。矿区虽有规模较大的破碎带分布，但不起沟通地表水体和区域含水性强的岩溶含水层的作用。本矿床属溶洞充水为主，顶底直接进水，水文地质条件中等—复杂的岩溶充水矿床类型。

2.3.6　矿床开采存在的主要水文地质问题

经过历年开采，矿区多次出现的水文地质问题，主要包括矿坑突水、涌泥、地面塌陷等，随着开采时间的推移和开采深度增加，矿区水文地质问题也呈现逐步变化趋势。早期的水文地质问题主要为井下突水、突泥涌砂，地表伴随着岩溶地面塌陷；随后，治理过的部分岩溶地面塌陷又重复塌陷；随着开采深度的进一步加大，浅部的岩溶水被疏干，且采用充填法采矿，以及其他的防治水工程措施的运用，矿区水害问题发生的频次和强度逐渐较弱。矿区外围水文地质条件复杂，南区区域大理岩等岩溶含水层的富水性中—强。今后可能向西南和北东方向开拓，使得本矿区大理岩与南区区域大理岩和鲤泥湖大理岩的水力联系通道增多，随之可能出现一系列的水文地质问题。未来矿山主要水害主要体现在以下几个方面。

(1)地表水(地表径流、大冶湖水或低洼积水等)通过延伸至浅部的导水裂隙带(地表错动线范围内)或可能出现的岩溶塌陷坑下渗进入大理岩或越流补给大理岩，从而对矿坑充水。

(2)矿区向深部开拓，主要开采Ⅳ号、Ⅶ号矿体，将大规模揭露矿体充水围岩—矿区东南部大理岩，不排除在深部有溶蚀裂隙、溶洞发育的可能，特别是在破碎带、岩层接触带附近，出现溶洞突水、突泥涌砂等灾害，同时因较大的水力梯度导致地表浅部溶洞或岩溶裂隙充填物流失，从而在东南部大理岩分布区域地表出现岩溶地面塌陷。

(3)矿山未来向西南方向开拓，可使矿区东南部大理岩与南区区域大理岩的水力联系变密切，导致矿区矿坑涌水量增加，局部可能出现突水及突泥涌砂问题，同时因地下水的强烈疏排造成南区区域大理岩出现岩溶地面塌陷。此外，向西南方向开拓可能导通附近矿山早期开采形成的采空区积水，如未按规定超前探水则可能因老采空区的积水瞬时释放而出现淹井风险。

(4)矿山未来向北东方向开拓，将大面积揭露岩溶较发育的深部大理岩，可能引发岩溶突水、突泥涌砂等问题；与此同时，可导致深部大理岩与岩溶裂隙发育的鲤泥湖大理岩水力联系变密切，出现鲤泥湖大理岩的岩溶水对矿区深部大理岩的多途径补给，增大了矿坑突水的风险；局部可能揭露沟通鲤泥湖大理岩或者封孔不良的钻孔导致矿坑突(涌)水。

2.4 本章小结

综上，全面系统研究非煤矿山地质条件和水文地质条件是分析水患主要类型及成因的前提条件，对研究开发非煤矿山地下开采水患的预测预警和风险评估系统，科学系统评估出非煤矿山4级安全风险(红、橙、黄、蓝)，提出水害风险分级管控措施具有重要意义。

第3章 非煤矿山地下开采水患主要类型及其成因研究

随着社会的快速发展，人们对矿产资源的需求急剧增加，越来越多的矿山由露天开采逐渐转为地下开采，矿山浅部开采逐渐向深部开采过渡。在深部开采中，通常会面临高地温、高地压和高水压等问题，地下水的存在，特别是存在含水层的矿山，易导致采场突水和底板突水等事故，对井下人员和设备构成巨大的威胁。此外，由于井下突水事故的发生，还容易对矿山的生态环境产生一定的影响。据调查，非煤矿山中尤其是水文地质条件复杂的岩溶充水矿床矿坑涌水量特别大，单矿井的涌水量常常可达到每天几万立方米至几十万立方米。以集中突水为主要充水方式，单个突水点的涌水量可达每小时数千立方米甚至几万立方米，突水点集中分布在某一方向或某一地段，使岩溶充水的矿床在开采过程中容易造成透水灾害事故。深部开采时，在长期的高温、高压状态下，岩石出现大量的细小裂隙，因开采活动，临空围岩在一定范围内卸压，出现单方向应力释放，从而产生更多更宽的网状裂隙，高压水顺裂隙并随着应力和压力释放，导致裂隙变宽、水量快速增大，并沟通上部含水层或导水构造，往往在几小时内转化为大突水，开采深度达到 2000m 时将产生高达 20MPa 以上的高渗透压力，突水概率随之增加，更容易诱发透水灾害事故。因此，急需对非煤矿山水患主要影响因素进行分析，并制定有针对性的防治措施，以保证矿山的安全生产。

3.1 事故致因理论

为了防止事故，必须查清事故为什么发生，导致事故发生的因素有哪些。事故致因理论即事故模式，它对人们认识事故本质，消除和控制事故发生，指导事故调查、事故分析、事故预防及事故责任的认定都有重要作用。

20 世纪初，在世界工业迅速发展的同时，伤亡事故频繁发生，严重制约了工业经济的发展，促使一些学者对事故发生的机理进行研究，并提出一些事故致因理论学说。如 1919 年格林伍德(Greenwood)和 1926 年纽博尔德(Newbold)提出事故频发倾向论，认为工人性格特征是事故频繁发生的唯一因素。这种理论带有明显的时代局限性，过分夸大了人的性格特点在事故中的作用。随后 1936 年海因里希(Heinrich)应用多米诺骨牌效应原理提出了“伤亡事故顺序五因素”理论，并于 1953 年提出了“事故链”，认为事故发生的诸因素是一系列事件的连锁，一环连一环，这也是事故因果理论的基础。

20世纪60年代初期，安全系统工程理论的发展推进了事故致因理论的研究。1961年由吉布森(Gibson)提出的“能量转移理论”阐述了伤亡事故与能量及其转移于人体的模型。1974年劳伦斯(Lawrence)根据贝纳和威格里沃思的事故理论，提出了“扰动”促成事故的理论，即P理论(Perturbation Occurs)，此后又提出了能适用于复杂的自然条件、连续作业情况下的矿山以人为失误为主因的事故模型，并在南非金矿进行了试点。1991年安德森(Anderson)对1969年瑟利(Surry)提出的人行为系统模型进行了修改，认为事故的发生并非一个“事件”而且是一个过程，可作为一个系列进行分析。

近十几年来，许多学者都一致认为，事故的直接原因不外乎是人的不安全行为或人为失误以及物的不安全状态或故障两大因素作用的结果，间接原因是社会因素和管理因素，这些是导致事故发生的本质原因。

因此，事故致因理论是一定生产力发展水平的产物。在生产力发展的不同阶段，生产过程中会出现不同的安全问题。随着生产方式的变化，人们对事故发生规律的认识也有所不同，于是，就产生了反映不同安全观念的事故致因理论。下面就按照事故致因理论的发展顺序，对几个主要事故致因理论的学说进行介绍。

3.1.1 事故因果连锁论

1. 海因里希事故因果连锁论

1931年海因里希(Heinrich)首先提出了事故因果连锁论，他引用了多米诺效应的基本含义，认为伤亡事故的发生不是一个孤立的事件，而是一系列原因事件相继发生的结果，即伤害与各原因相互之间具有连锁关系。

海因里希事故因果连锁论包括如下5种因素。

(1)遗传及社会环境(M)：遗传及社会环境是造成人的缺点的原因。遗传因素可能使人具有鲁莽、固执、粗心等性格，这些对安全来说属于不良性格；社会环境可能会妨碍人的安全素质培养，助长不良性格的发展。因此，这种因素是因果链上最基本的因素。

(2)人的缺点(P)：人的缺点即由于遗传因素和社会因素所造成的人的缺点，是使人产生不安全行为或物的不安全状态的原因。这些缺点既包括如鲁莽、固执、易过激、神经质、轻率等性格上的先天缺陷，也包括诸如缺乏安全生产知识和技能等后天不足。

(3)人的不安全行为和物的不安全状态(H)：这两者是造成事故的直接原因。海因里希认为，人的不安全行为是由于人的缺点而产生的，是造成事故的主要原因。

(4)事故(D)：事故是一种由于物体、物质或放射线等对身体发生作用，使人员受到或可能受到伤害的、出乎意料的失去控制的事件。

(5)伤害(A)：伤害即为直接由事故产生的人身伤害。

上述事故因果连锁关系，可以用5块多米诺骨牌来形象地加以描述，如图3-1所示。如果第一块骨牌倒下(即第一个原因出现)，则发生连锁反应，后面的骨牌相继被碰倒(相继发生)。如果抽去其中某一块骨牌，则连锁反应就被终止，也就是伤害事故不能最终发生。

该理论积极的意义在于，形象地描述了事故发生发展过程，提出了人的不安全行为和物的不安全状态是导致事故的直接原因。但是，海因里希理论也和事故频发倾向理论一样，把大多数工业事故的责任都归因于人的缺点等，表现出时代的局限性。

目前，我国有关安全专家对海因利希理论进行了如下修正，认为形成伤亡事故的五个因素为：①社会环境和管理的欠缺(A_1)；②人为失误(A_2)；③不安全行为和不安全状态(A_3)；④意外事件(A_4)；⑤伤亡(A_5)。按照这种顺序可以理解为：社会环境和管理的欠缺是事故发生的基础因素，由此引发人的过失，如设计、制造、教育、规章制度等问题，于是形成了人的不安全行为和物的不安全状态，两者综合作用构成意外事故，从而最终导致了人员伤亡(图3-2)。

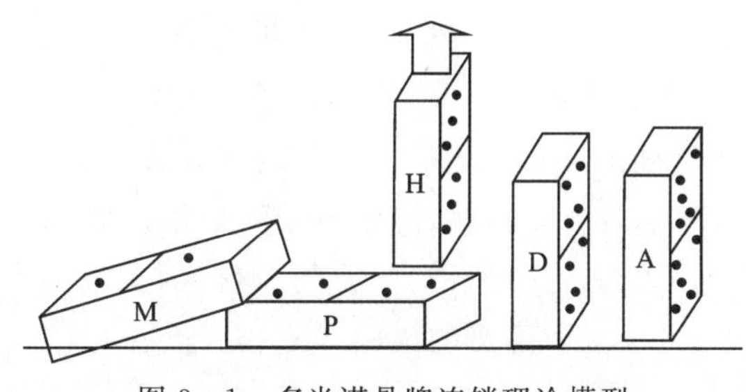

图3-1　多米诺骨牌连锁理论模型

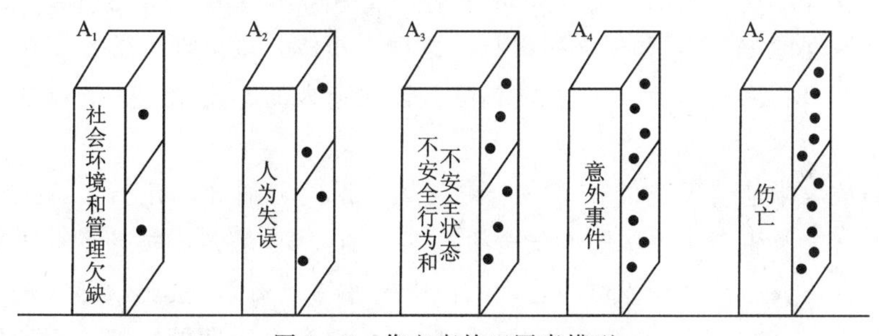

图3-2　伤亡事故五因素模型

2. 博德事故因果连锁理论

博德(Bird)在海因里希事故因果连锁理论的基础上，提出了反映现代安全观点的事故因果连锁(图3-3)。博德的事故因果连锁过程同样为5个因素，也是按照骨牌顺序排列。但每个因素的含义与海因里希的都有所不同。

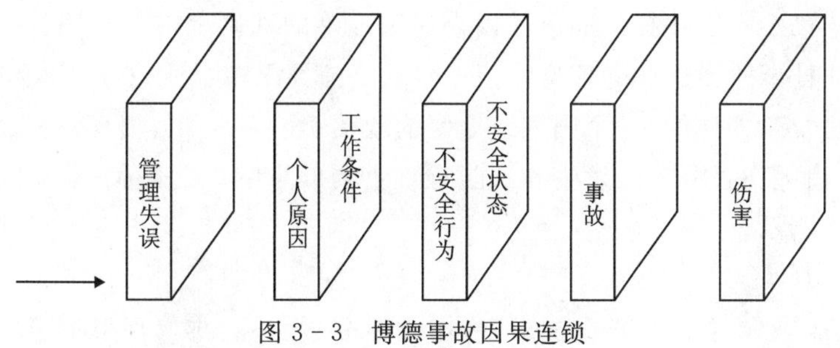

图3-3　博德事故因果连锁

(1)管理缺陷：对于大多数工矿企业来说，由于各种原因，完全依靠工程技术措施预防事故既不经济也不现实，只能通过完善安全管理工作，才能防止事故的发生。如果安全管理上出现缺欠，就会导致事故发生的基本原因出现。因此，安全管理是企业的重要一环。

(2)基本原因：包括个人原因及工作条件原因，这方面的原因是由于管理缺陷造成的。个人原因包括缺乏安全知识或技能、行为动机不正确、生理或心理有问题等；工作条件原因包括安全操作规程不健全，设备、材料不合适，以及存在高温、粉尘、有毒有害气体、噪声等有害作业环境因素。

(3)直接原因：人的不安全行为或物的不安全状态是事故的直接原因，是事故顺序中最重要的一个因素。但是，直接原因只是一种表面现象，是深层次原因的表征。在实际工作中，要追究其背后隐藏的管理上的缺陷原因，并采取有效的控制措施。

(4)事故：这里的事故被看作是人体或物体与超过其承受阈值(允许)的能量接触，或人体与妨碍正常生理活动的物质接触。因此，防止事故就是防止接触。

(5)伤害：博德模型中的伤害，包括工伤、职业病、精神创伤等。人员伤害及财物损坏统称为损失。在许多情况下，可以采取适当的措施，使事故造成的损失最大限度地减少。

3. 亚当斯事故因果连锁理论

亚当斯事故因果连锁理论是亚当斯提出了一种与博德事故因果连锁理论类似的因果连锁模型。在该理论中，事故和损失因素与博德理论相似。这里把人的不安全行为和物的不安全状态称作“现场失误”，其目的在于提醒人们注意人的不安全行为和物的不安全状态的性质。

亚当斯事故因果连锁理论的核心在于对现场失误的背后原因进行了深入的研究。操作者的不安全行为及生产作业中的不安全状态等现场失误，是企业领导者及事故预防工作人员的管理失误造成的。管理人员在管理工作中的差错或疏忽，企业领导人决策错误或没有做出决策等失误，对企业经营管理及事故预防工作具有决定性的影响。管理失误反映企业管理系统中的问题，它涉及管理体制，即如何有组织地进行管理工作，确定怎样的管理目标，如何计划、实现确定的目标等方面的问题。管理体制反映作为决策中心的领导人的信念目标及规范，它决定各级管理人员安排工作的轻重缓急，工作基准及指导方针等重大问题。

4. 北川彻三事故因果连锁理论

日本人北川彻三在上述提出的事故因果连锁理论的基础上，提出了另一种事故因果连锁理论。上述3种事故因果连锁理论都把考察的范围局限在企业内部，实际上，工业伤害事故发生的原因是复杂多样的，一个国家或地区的政治、经济、文化、教育、科技水平等诸多社会因素，对企业内部伤害事故的发生和预防有着重要的影响。北川彻三基于这种考虑把事故原因归为如下所示。

(1)基本原因。

管理原因：企业领导者不够重视安全，作业标准不明确，维修保养制度方面的缺陷，人员安排不当，职工积极性不高等管理上的缺陷。

学校教育原因：小学、中学、大学等教育机构的安全教育不充分。

社会或历史原因：社会安全观念落后、安全法规或安全生产监督管理等方面不健全。

(2)间接原因。

技术原因：机械、装置、建筑物等的设计、建造、维护等技术方面的缺陷。

教育原因：由于缺乏安全知识及操作经验，不知道、轻视操作过程中的危险性和安全操作方法，或操作不熟练、习惯操作等。

身体原因：身体状态不佳，如头痛、昏迷、癫痫等疾病，近视、耳聋等生理缺陷，或疲劳、睡眠不足等。

精神原因：消极、抵触、不满等不良态度，焦躁、紧张、恐惧、偏激等精神不安定，狭隘、顽固等不良性格，以及智力方面的障碍。

在上述的4个间接原因中，前面两个原因比较普遍，后两种原因较少出现。

北川彻三从社会大环境角度找寻导致事故的原因，为我们从社会角度来思考和预防事故提供了理论基础。

3.1.2 管理失误论

以管理失误为主因的事故模型。这一事故致因模型，侧重研究管理上的责任，强调管理失误是构成事故的主要原因。事故之所以发生，是因为客观上存在着生产过程中的不安全因素，此外还有众多的社会因素和环境条件，这一点我国矿山更为突出。事故的直接原因是人的不安全行为和物的不安全状态。但是，造成“人失误”和“物故障”与这一直接原因却常常是管理上的缺陷。后者虽是间接原因，但它却是背景因素，而又常是发生事故的本质原因。

人的不安全行为可以促成物的不安全状态，而物的不安全状态又会在客观上造成人有不安全行为的环境条件(图3-4)。

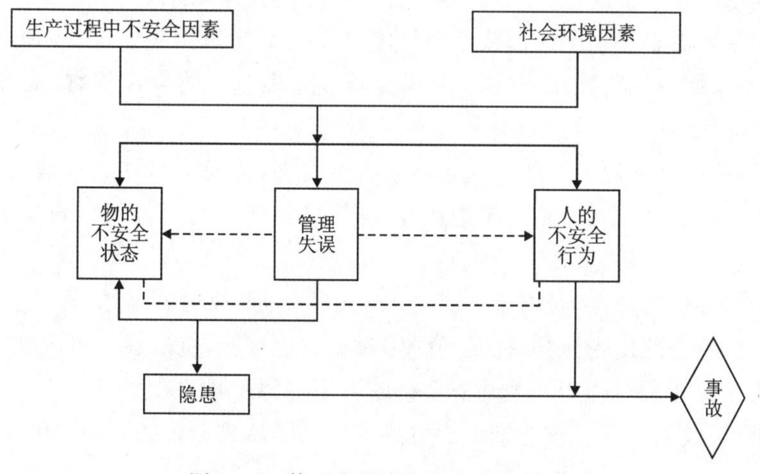

图3-4 管理失误为主因的事故模型

“隐患”来自物的不安全状态即危险源，而且和管理上的缺陷或人的失误共同耦合才能形成；如果管理得当，及时控制，变不安全状态为安全状态，则不会形成隐患。客观上一旦出现隐患,主观上人又有不安全行为,就会立即显现为伤亡事故。

3.1.3 动态变化理论

客观世界是物质的,物质是在不断运动变化着的,存在于客观世界中的任何系统也是如此。外界条件的变化会导致人、机械设备等原有的工作环境发生改变,管理人员和操作员如果不能或没有及时地适应这种变化,可能会产生管理和操作失误,造成物的不安全状态,进而导致事故的发生。

1. 能量转移论

能量的种类有许多,如动能、势能、电能、热能、化学能、辐射能、声能和生物能等。人受到伤害都可以归结为上述一种或若干种能量的异常或意外转移。能量转移论是 1961 年由吉布森(Gibson)提出,其基本观点是:人类的生产活动和生活实践都离不开能量;人类利用能量做功以实现生产目的;人类为了利用能量做功,必须控制能量。在正常生产过程中,能量在各种约束和限制下,按照人们的意志流动、转换和做功,制造产品或提供服务。如果由于某种原因能量一旦失去了控制,发生了异常或意外的释放,能量就会做破坏功,则称发生了事故。如果意外释放的能量转移到人体,并且其能量超过了人体的承受能力,则就会造成人员伤亡;转移到物,就造成物的损坏和财产损失。

1966 年由哈登(Haddon)进一步引申而形成下面观点。"人受伤害的原因只能是某种能量的转移",并提出了能量逆流于人体造成伤害的分类方法。它将伤害分为两类。

第一类伤害是由于转移到人体的能量超过了局部或全身性损坏阈值而产生的。人体各部分对每一种能量的作用都有一定的抵抗能力,即有一定的伤害阈值。当人体某部位与某种能量接触时,能否受到伤害及伤害的严重程度如何,主要取决于人体的能量大小。作用于人体的能量超过伤害阈值越多,造成伤害的可能性也越大。

第二类伤害是由于影响了局部或全身性能量交换引起的。例如,因物理或化学因素引起的窒息(如溺水或一氧化碳中毒等),因体温调节障碍引起的生理损害、局部组织损坏或死亡(如冻伤、冻死等)。

在一定条件下,某种形式的能量能否产生人员伤害,造成人员伤亡事故,取决于人体接触能量的大小、时间和频率,能量的集中程度,身体接触能量的部位及屏蔽设置的完善程度和时间的早晚。

依据能量转移论的观点,具有能量的物质(或物体)和受害对象在同一空间范围内,由于能量未按人们希望的途径转移,而是与受害对象发生接触,就造成了事故。

哈登认为预防能量转移于人体的安全措施可用屏障保护系统的理论加以阐述,并指出屏障设置得越早,效果越好。按能量大小可建立单一屏障或多重的冗余屏障。

2. 轨迹交叉论

轨迹交叉论的基本思想是:伤害事故是许多相互联系的事件顺序发展的结果。这些事件概括起来不外乎人和物(包括环境)两大发展系列。在一个系统中,当人的不安全行为和物的不安全状态在各自发展形成过程中(轨迹),在一定时间、空间发生了接触(轨迹交叉),

就会造成事故。即具有危害能量的物体的运动轨迹与人的运动轨迹在某一时刻交叉，能量转移于人体时，伤害事故就会发生。当然，两种运动轨迹均是在三维空间内的运动轨迹。而人的不安全行为和物的不安全状态之所以产生和发展，又是受多种因素作用的结果。人与物两系列形成事故的模型，如图 3－5 所示。

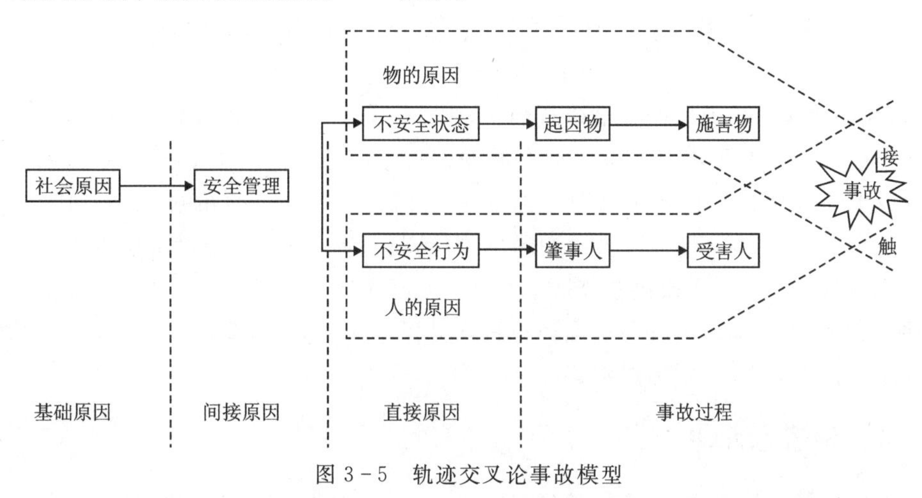

图 3－5 轨迹交叉论事故模型

轨迹交叉理论反映了绝大多数事故的情况。在实际生产过程中，仅有少量的事故是由人的不安全行为或物的不安全状态引起，而绝大多数的事故是与两者同时相关的。例如，日本劳动省通过对 50 万起工伤事故调查发现，其中仅有约 4％的事故与人的不安全行为无关，仅有约 9％的事故与物的不安全状态无关。

值得注意的是，在人和物两大系列的运动中，两者往往是相互关联、互为因果、相互转换的。有时，人的不安全行为可能产生物的不安全状态，促进物的不安全状态的发展，或导致新的不安全状态的出现；而物的不安全状态有时能引发人的不安全行为。因此，事故的发生可能并不是如图 3－5 所示的那样简单地按照人、物两条轨迹独立地运行，而是呈现较为复杂的因果关系。

从表面上看，人的不安全行为和物的不安全状态是造成事故的直接原因，如果进一步研究，则可挖掘出两者背后深层次的原因。

轨迹交叉理论作为一种事故致因理论，强调人的因素和物的因素在事故致因中占有同样重要的地位。按照该理论，可以通过避免人与物两种因素运动轨迹交叉来预防事故的发生。同时，该理论对于调查事故发生的原因，也是一种较好的工具。

在现场安全管理过程中，有些管理者总是错误地把一切事故归咎于操作人员违章作业。实质上，人的不安全行为也是教育培训不足等管理欠缺造成的。在多数情况下，企业管理不善，使工人缺乏教育和训练或机械设备缺乏维护、检修以及安全装置不完备，才导致了人的不安全行为或物的不安全状态。

若设法排除机械设备或处理危险物质过程中的隐患，或者消除人为失误、不安全行为，使两事件链连锁中断，则两系列运动轨迹不能相交，危险就不会出现，可达到安全生产。

轨迹交叉理论强调的是砍断物的事件链，提倡采用可靠性高、完整性强的系统和设备，大力推广保险系统、防护系统和信号系统及高度自动化和遥控装置。这样，即使人为产生失误，也会因安全闭锁等可靠性高的安全系统的作用，及时控制物的不安全状态的发展，避免伤亡事故的发生。

3.2 非煤矿山地下开采水患的主要类型

目前，我国的非煤矿山生产安全事故当中，中毒窒息、透水、冒顶片帮、爆炸等类型的事故是导致人员伤亡的重要原因。这几类事故尤以透水事故更为严重。导致矿山水害发生的水源分成地表水和地下水，矿山水害是指在矿井基建和矿床开采的过程中，由于开采工作引起岩层的移动、破坏，产生与水源相通的裂缝，掘进井巷时，穿透含水层或溶洞。加上矿床水文地质资料掌握不详或测量错误，盲目施工而穿透积水旧巷，井巷出口位于洪水水位以下和地表水、雨雪水通过各种渗漏通道进入井下等原因，造成矿井积水、涌水。当水量超过矿井正常排水能力时，则酿成水害。

3.2.1 地表水水患

矿井水害问题的出现和地表水存在密切联系，由于地表水超出了预期状况，就很容易给矿井带来危害，影响其开采安全性。从地表水危害的具体表现来看，一方面和外部地表水的变化有关，如果在矿山开采过程中遭遇雨季强降水，会使地表河流水位暴涨，这样会对相应矿井的开采工作产生不利影响，易产生倒灌问题，进而形成水害；另一方面，地表水对于矿井带来的水害影响还表现在导水路径上，因为矿井周围存在着一些塌陷区域或者是裂缝，这就会致使地表水通过这些路径下流到矿井内，随之形成较为严重的水害问题，影响矿井正常开采，产生安全危害。

地表水水害的水源是雨水、地表水体(河流、湖泊、水库、泥石流等)。在山区此类事故较多。水源通过井口、采后冒裂带、岩溶塌陷坑、断裂带及封闭不良钻孔充水或导水进入矿井。在矿井选址时要综合考虑地表水淹井的情况，在矿井布局及地面排水系统布置时做好规划，但仍要防止发生特大山洪、山体滑坡、泥石流等，超出地面排水系统排水能力时的特殊情况，尤其是山区矿井更应引起重视。特别是地面水害事故发生较少地区，容易让人们麻痹大意，疏于地面排水系统的维护管理和对周边地区不良地质情况的防范。当突发洪水，地表水大量涌入矿井常夹杂泥石流，涌水速度快，排水难度大，还可能淤塞巷道，阻碍救援。因此对地表水防治首先要合理规划矿井布局和排水系统，并加强对矿井周边不良地质情况的监控，做好雨季防洪预案，以预防为主，时刻不得松懈(表 3-1)。

表 3-1 地表水水患

类型	水源	主要可能通道	突水特点	高发区特点
地表水水患	暴雨洪水、河流、湖泊、水库、塘坝	井筒、采空塌陷裂隙、岩溶漏斗、封闭不良钻孔	与降水有关，往往在雨季或者洪水期发生灾害	一般发生在山区或山前位置、汇水条件好、松散层浅的区域

3.2.2 地下水水患

矿区开采过程中矿井地下水水害危险性主要受地质、水文地质和采掘活动等要素的影响。地质因素包括隔水层厚度、矿层埋深、地质构造性质及分布等，水文地质因素包括含水层厚度和富水性、水位变化、补给关系。矿井地下水来源受大气降水、地表水以及本身地下含水层的影响，因此，通过这几类水源对矿井水的地下水患类型进行分析，常见的有如下类型。

1. 采空区水患

采空区是开采多年的老矿井自身采场、旧巷或是临近矿井的旧巷。对生产矿井而言，按照采空区形成与矿井开拓时间上的先后关系，将采空区分为开拓前已存在的采空区和矿井正常回采时形成的采空区两类。根据矿层赋存条件，开采过程中必然形成一定的地下空间场所，不可避免地要接近、揭露某些含水层，当这些空间场所处于含水层水位以下，承受一定的静水压。矿层开采后，空间场所形成采空区，工作面上覆岩层将产生移动、破坏等变形，形成冒落带和裂隙带岩层，二者成为水体下渗的良好途径，把它称为导水裂隙带。受开采活动的影响，导水裂隙带进入上覆含水层，造成含水层水体向下渗入、漏入采空区，当采空区不能自然泄水时，就造成大量采空区积水。同时，在开采活动的影响范围内，地表往往发生沉陷，尤其是矿层赋存不深的浅部开采，更容易造成与地表水导通，使采空区大量积水。采空区形状一般为规则的薄块状长方体，如能规范开采，就有明确的采空区分布情况记录，且积水状况直接反映在矿井充水性图上。在矿井生产过程中，直接与这些积水的旧巷、采空区相遇造成突水，或是受到导水裂隙带、地质构造带影响将其渗入、漏入某一生产部位造成水害而中断生产是采空区积水水害的主要方面。

2. 大气降水水患

大气降水是矿区地下水的主要补给来源，矿区地下水接受大气降水补给后，最终排泄于矿坑，成为矿坑的充水水源。大气降水主要是由于降水而产生的水，其水量的大小与地区、降水量等因素有关，特别是有些地方降水量较大。

3. 老窿水水害

老窿水存在于采空区或与采空区相联系岩石巷道内，水体形状极不规则，与巷道的空间关系也极为复杂，难以判断。当矿山开采工作面靠近这些区域时，积水就会随之涌入巷道或采矿工作面，进而引发矿井水害。且水体集中，压力传递迅速，一旦透水，可在短时间内涌出大量积水，冲击力强，破坏性大，常造成恶性事故。老窿水不仅存在于水资源丰富的矿区，也会存在于旱缺水的矿区。由于采矿工作面变化大，直线定向滑动剧烈波动，极易造成轨道积水。如果积水检查处理不及时，大量的水囤积，极有可能突然释放冲破保温岩柱或密封墙，造成相邻墙体或路段的损毁。如果对老窿水检查处理不及时，水害循环会破坏附近的线路和现场作业，导致采矿工作停止，还可能引发事故，造成人员伤亡和财产损失。

4. 孔隙水水害

孔隙水通常来源于矿山所处地质环境古近系、新近系和第四系的松散含水层，如泥沙层，与地表水有着密不可分的联系。孔隙水往往通过采空区、地面塌陷区、矿井顶板的含水层裂缝处以及断层带等位置进入采矿作业区，引发矿井水害。

该类型水害是因为矿井内开采区的内地层岩含水层特点与大气环境季节性改变而发生降水，使井下工作面岩层含水层发生渗透。可见，孔隙水水害具有较为显著的季节性特点。

5. 裂隙水水害

裂缝包括原生裂缝、风蚀裂缝和流水侵蚀断裂。原生裂缝主要分布于岩浆岩中。与天气风化有关的裂缝主要分布在平坦的岩石中。流水侵蚀裂缝分布广泛，特别是在脆性岩石中，对矿井水的充填有一定的影响，断裂带和岩浆岩与围岩的接触带有时会储存大量地下水，成为地表水和地下水流入矿井的通道，特别是断裂带，对矿山开采工作有重大影响。

6. 岩溶水水害

岩溶水的特点是水量大、运动快、纵横分布不均，多分布于可溶性岩石层面中，如果水量过大的话，岩溶水也可以形成地下河，在矿井生产中，它涉及矿井充水从而危及到了矿区的安全生产。

7. 断层水水害

矿井开采中遇到的水害还表现在断层水方面，这也是对于矿井危害性较大的一个水害类型，威胁程度相对较为突出，一旦出现该类水害问题，极容易造成恶劣后果。例如当断层周围存在含水层时，则容易造成矿井出现水害威胁，如果含水层的导通水量较大，更是会加大危害程度。如果断层的落差相对比较大，当出现导水问题时，容易埋下较为明显的安全隐患，一旦在后续矿井开采作业中揭露，则很可能形成突水现象，随之对周围工作人员带来危害。

8. 贯通型水害

根据天然及人工的导水结构将贯通型水害分为断层水害、陷落柱水害、岩溶塌陷水害和钻孔水害。其中，断层水害又细分为正断层下盘下位突水水害、正断层下盘侧向突水水害、正断层下盘上位突水水害、逆断层上盘下位突水水害、逆断层上盘侧向突水水害、逆断层上盘上位突水（含推覆体）水害、未贯通型断层水害、断层活化型水害；陷落柱水害又细分为贯穿陷落柱水害、隐伏陷落柱水害、陷落柱活化型水害；钻孔水害细分为导水（砂、冻结孔）钻孔水害、封闭不良钻孔水害。

9. 其他危害

矿井开采中遇到的水害除了上述几种常规方式外，因为所处区域的差异以及矿井内土质的差异，往往还表现出其他一些危害性更为严重的水害问题，如酸性水的水害威胁就是不容忽视的重要问题。因为矿井中存在着一些黄铁矿成分，这些物质在长期开采过程中被逐步氧化，如此也就容易形成酸性物质，伴随着水资源的渗入，容易出现酸性水，进而对于矿井开采产生严重威胁。酸性水不仅仅会使工作人员受到直接威胁，同时还会影响到矿井开采设备，因此需引起矿井开采工作人员的高度关注。

3.3　非煤矿山地下开采水患成因机理

矿山水害事故中，以透水事故为例，运用事故致因理论中的系统安全理论、能量转移理论和管理失误论的思想，从预防与控制事故的角度构建出描述事故发生机理的透水事故致因模型。模型如图3-6所示。

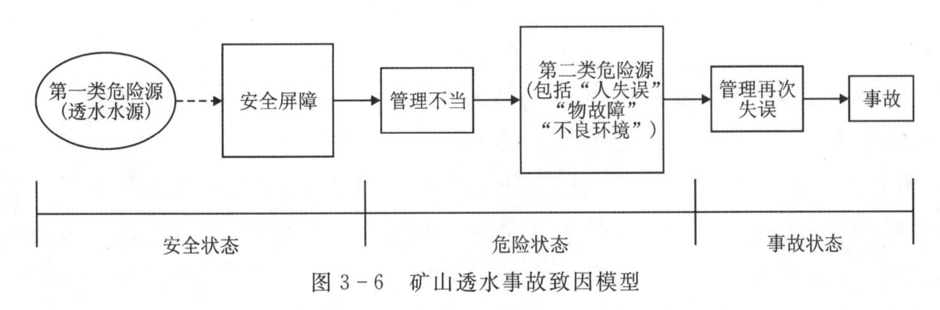

图3-6　矿山透水事故致因模型

透水事故致因模型描述了透水事故发生的机理，认为在透水事故的发展过程中，系统经历了安全状态、危险状态和事故状态三个阶段。安全状态由危险源与安全屏障共同构成，模型将充水水源视作透水事故发生的根源而处于模型之首，构建安全屏障的目的是防止危险源中的能量非正常溢出，故安全屏障与危险源是不可分离的。矿山透水事故系统并不是静止的，而是时刻变化的。在矿山生产的过程中，人、物和环境都在发生着变化，如果此时管理上有缺欠或失误，就会出现人的不安全行为、物的不安全状态和环境的不良条件以及其相互作用（也是水害事故发生的必要条件），系统状态就会由安全状态转变为危险状态。这时如果矿井安全管理工作到位，如通过对作业人员进行安全教育培训来杜绝人的不安全行为，定期检查、维修和更换矿井防排水设备来确保防排水系统的能力，提前查清井田范围内气象、水位和地下水量等水文地质资料并认真落实探放水工作来控制充水水源等。若管理再次失误，此时危险源中的能量便会冲破安全屏障，若能及时采取水害应急措施，如注浆帷幕技术，仍可能避免事故发生；若采取措施不利或未采取措施，即管理上再次出现失误，就会导致透水事故的发生。此时，系统就进入了事故状态。

3.3.1　地面水水患发生机理

矿山水害事故的类型主要包括突水、突泥、淹井和透水事故。水害事故发生必须具备三个条件，即充水水源、导水通道和透水强度，三者缺一不可，如图3-7所示。充水水源是矿山水害的主要来源，有了充水水源，也未必发生水害事故，还要看导水通道，如果对导水通道进行封堵或采取其他措施，使充水水源无法进入矿井，那么也不会发生水害事故。即使具备了充水水源和导水通道，水害事故也不一定发生，如果此时透水强度较小，矿井自身的排水系统完全能解决，那么也不会发生水害事故；如果此时透水强度较大，超过了矿井的排水能力，就会造成水害事故，导致人员伤亡和财产损失，严重时甚至会淹没整个矿井。

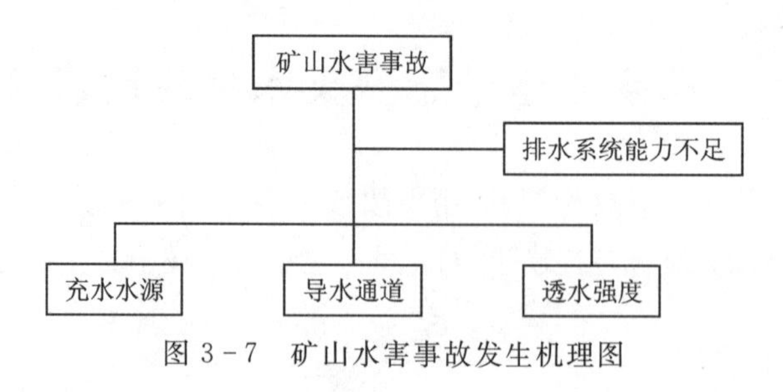

图 3-7　矿山水害事故发生机理图

图 3-7 中，充水水源主要指矿井水，包括大气降水、地表水、地下水和老窿积水。其中，大气降水是地面水水害事故的补给水源，大气降水的渗入量与该地区的气候、地形、岩石性质、地质构造等因素有关。地表水包括江河水、湖泊水、海洋水、水库水及塌陷坑积水、池塘里的积水或季节性的雨水和山洪。地下水是造成透水事故的主要水源，包括含水层水、孔隙水、裂隙水、岩溶水和断层水。老窿积水指矿体开采结束后，封存于采矿空间的地下水。

地表水引起的矿山水害事故主要原因是雨季时的降水充满了湖泊、河流、水池、沼泽等，或者直接通过某些通道(如地表裂隙、孔隙，井田范围内存在一些隐蔽的井筒、塌陷裂缝和封闭不完全的钻孔等)渗流进入生产矿井，此时若矿井排水系统能力不足，便很容易导致水害事故的发生。

导水通道是连接水源与矿井之间的流水通道，亦称涌水通道，包括自然形成的通道和人为形成的通道两种。自然通道主要有裂隙带通道、断裂带通道和岩溶陷落柱通道；人为通道主要有顶板冒落带、地面岩溶塌陷带与底板水压导升带、井筒、塌陷裂缝和封堵不严的钻孔。

透水强度是衡量矿井储水强度的指标，一般可以用定性分析或定量预测的方法来判断。根据矿山开采资料，矿井涌水量的大小除与水源、通道性质和特征有关外，还有一些因素也影响着矿井涌水强度，主要有充水岩层出露和接受补给条件、矿床的边界条件、地质构造条件、地震的影响等。此外，矿井涌水的程度与矿井所在地区降水量的大小、降水性质、强度和延续时间有关系。一般来说，受降水影响的矿区，虽然矿井涌水量随气候而有明显的季节性变化，但涌水量出现的高峰时间则往往是雨季稍后延一段时间。

3.3.2　地下水水患发生机理

非煤矿山地下水水患发生主要是由于矿山地下开采活动产生运动，岩层的移动和破坏产生了移动，形成了充水通道，使大气降水、地表水和地下水渗入或溃入井下，短期渗入量超过井下排水能力，导致淹井等水害。

1. 大气降水作为矿井的直接充水水源

大气降水是地下水的主要补给来源，同时强降水也是导致淹井的主要原因，所有矿井的充水都不同程度地受到降水的影响。降水对矿井充水的影响，既与降水的特点有关，也与降水的入渗条件有关。

由于大气降水的多变性和自然地理条件的复杂性，使降水的入渗过程错综复杂，对矿井充水的影响千差万别。大气降水的渗入量，与雨量大小、当地气候、地形、岩石性质、地质构造等因素有关，大气降水的主要类型是降水和融雪。

1)充水特征

矿井充水程度与地区降水量的多少，降水性质、强度和延续时间有相应关系。降水量大和长时间的小雨，对渗入有利，因而矿井涌水量也大。我国多雨的南方比干旱的北方矿区矿井涌水量普遍要大，干旱地区的不少矿井下常常是干燥的。此外，年内降水量分配不匀，往往集中几个月，所以雨季时涌水量远远大于旱季涌水量。

降水所造成的矿井充水，具有明显的季节性变化。矿井的最大涌水量都出现在雨季，但涌水量高峰出现的时间则往往后延，一般在雨后48h。

即使在同一矿井的不同开采深度，降水对矿井涌水量的影响程度也相差很大，大气降水渗入量随开采深度增加而减少。这是由于随开采深度的增加岩层透水性减弱和补给距离增加。

2)渗入方式

(1)直接流入或渗入。

对于地下开采，降水通过井筒、天窗、断层、采空区垮落带和导水裂隙带贯通而渗入(图3-8)，或通过地裂缝渗入或陷落柱灌入(图3-9)。

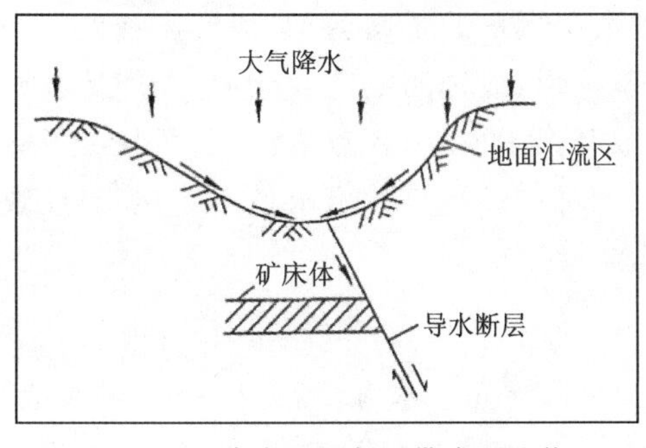

图3-8 降水通过断层带渗入矿井

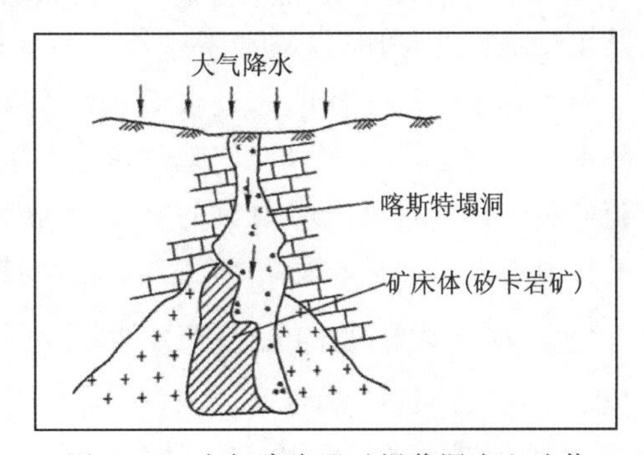

图3-9 大气降水通过塌落洞流入矿井

对于露天矿降水直接降落在矿井内(图3-10)，形成降水径流，其水量大小决定于降水量、露天坑范围及其汇水条件；矿井充水与降水关系极为密切，雨后坑内水量立即增大。

(2)经含水层间接渗入。

大气降水通过对含水层的补给源再渗入井巷如图3-11所示。其途径有通过第四系松散砂、砾层及基岩露头裂隙补给地下水，在适当条件下再进入井巷；通过构造带或老窑直接溃入井下；洪水期通过井口直接灌入，或通过贯通巷道间接灌入；水体下采矿时，通过垮落带、导水断裂带进入井下。

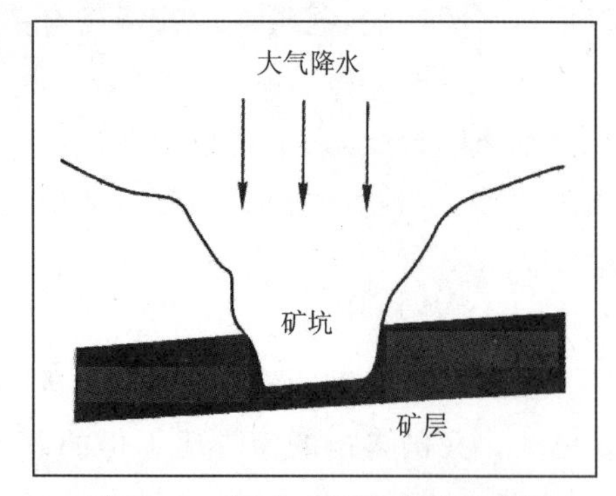

图 3-10 降水直接降落露天采场

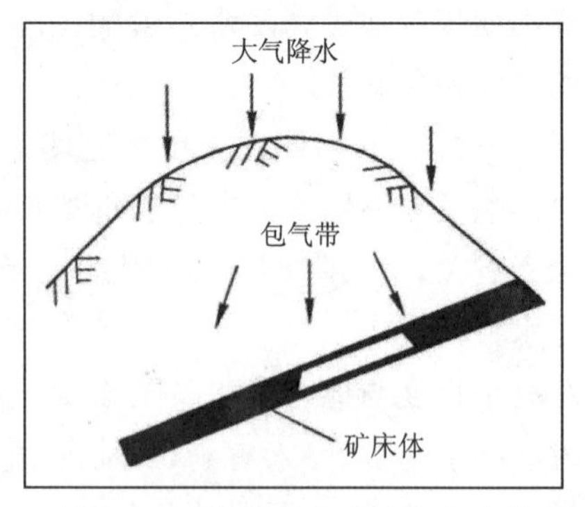

图 3-11 降水经含水层渗入矿井

当降水是通过岩层的孔隙、裂隙渗入矿井时：①入渗机制比较复杂，矿井充水既取决于降水量大小、降水强度（强度大易形成地表径流流失，强度小又不及润湿包气带）和降水历时，更取决于入渗条件；②矿井充水与降水的关系不如前两种情况密切，矿井涌水量增大滞后于降水的时间较长，一般为十几天至几十天不等，在降水特点相同的情况下主要取决于入渗条件。

3）评价方法

分析降水的充水影响，首先要考虑矿体与当地侵蚀带和地下水的关系，以及地形的自然汇水条件，然后具体分析矿体的埋藏和入渗条件。

矿井涌水量预测的重点是丰水年雨季的最大涌水量，预测方法常以水均衡法为主。特别是分水岭地区的矿床，雨季地下水渗流场呈现大起大落的垂向运动，与渗流理论有一定差异。山区降水入渗系数可通过小流场均衡实验获取，或选用宏观经验值；开阔地区一般根据降水量与地下水水位的长期观测资料计算取得；也可以引入数值法，运用分布参数系统数值模型的调参求得入渗系数的平面分布值；还可以通过机井出水量的变化，来反映地下水的排泄量及其滞后特征，但应考虑采后的影响。

2. 地表水作为矿井的直接充水水源

位于矿区及附近的地表水，往往成为矿井水的重要充水水源，给采矿造成很大威胁。因此，地表水是矿床水文地质条件复杂程度划分的重要因素之一。

矿井常见的地表水充水水源有江河水、湖泊水、海洋水、水库水、水塘（海子）水等，地表水体除了海洋水外，其他类型的地表水可能具有季节性，即在雨季积水或流水，而在旱季干涸无水。同样的道理，地表水体能否构成矿井充水水源，关键在于是否存在有沟通水体与矿井之间的导水途径，只有水体和导水通道的同时存在，才能形成矿井充水。常见的连接地表水体与矿井之间的导水通道可分为天然导水通道和人工破坏扰动导水通道两大类。

1）充水特征

（1）地表水体与矿层的相互位置。

地表水的规模及其矿体之间的距离，直接影响矿床的充水强度，一般地表水的规模愈大，距离愈近，威胁也愈大，反之则小。

地表水体与矿层的相互位置有三种组合关系：其一，地表水体位于矿层或采区的上方；其二，地表水体位于矿层或采区的附近；其三，地表水体距离矿层或采区较远。当地表水体位于矿层或采区的上方或附近时，地表水体与矿层开采后形成的导水裂隙带发育的情况，导水裂隙带发育高度与地表水体之间的距离是矿井突水的关键因素，当地表水体距离矿层或采区较远时，地表水体通常只能作为突水与涌水的补给水源，不能直接突入矿井，此时，地表水体与含水层的水力联系程度及含水层的渗透性能的强弱就成为研究的重点。

位于季节性河流附近的矿床，平时涌水量一般不大，仅在雨季地表水出流时需防洪；随采深增加，地表水的影响也会明显减弱。如某矿区，在河下50m处涌水量为$3.36\times10^4\ m^3/d$，采深至120～150m时，平均涌水量仅$0.35\times10^4\ m^3/d$。

(2)地表水体与矿层间是否存在可靠的隔水层。

当地表水体位于矿层或采区的上方或附近时，只要地表水体与矿层之间存在比较可靠的隔水层，就不会造成大量的矿井涌水，采动对隔水层的破坏情况就成为研究重点。

(3)地表水体自身的特点。

地表水体是常年性水体还是季节性流水，研究内容为水量、水位、水质、泥沙含量等。水量大的地表水体向矿井充水的潜在能力就大；常年流水的水体向矿井的充水时间长，影响大。

2)地表水体的入渗方式

地表水对矿床充水影响的强弱，取决于地表水对矿井的补给方式。

(1)渗透补给，这种补给方式无大水矿床，其条件是充水围岩的裂隙为主，或水下分布弱透水层。前者如海下采矿的辽东华铜等矿，主要充水围岩是含微裂隙的前震系大理岩，岩层倾向海面上覆片岩为隔水层，阻挡了海水的大量入侵，至20世纪60年代开采已伸入海岸200m，最大采深已在海平面以下693m，矿井总涌水量$1.74\times10^4\ m^3/d$，主要是断层和裂隙引入的第四系孔隙水，海水入渗量占总涌水量的9.8%，约$0.17\times10^4\ m^3/d$；后者如湖下采矿的大冶铜绿山矿，充水含水层为岩溶较发育的三叠系灰岩，但湖底分布黏土隔水层，矿井涌水量仅$0.89\times10^4\ m^3/d$。

(2)灌入式补给，大多数发生在大水矿床中，如：①海水从中奥陶系灰岩在海底的溶洞倒灌的辽东复州湾黏土矿，20世纪80年代矿井－105m水平的实际涌水量$5.11\times10^4\ m^3/d$，数值法预测－105m水平的涌水量为$27.5\times10^4\ m^3/d$；②河水沿疏干漏斗内河床二叠系茅口组灰岩的岩溶坍塌坑回灌的湖南某矿在1977年、1980年、1990年三次暴雨中，两条河水断流、沿河床坍塌段回灌，矿水涌水量分别为$0.5\times10^4 m^3/h$、$>0.5\times10^4 m^3/h$、$24\times10^4 m^3/h$；③河流通过强透水冲积层直接灌入的内蒙古元宝山矿井，数值法预测矿井涌水量$33\times10^4 m^3/h$。

3)评价方法

对地表水补给条件的评价，应从上述两种补给方式的基本条件入手，分析河水通过导水通道灌入矿的可能性。一是地表水与充水围岩之间有无覆盖层及其隔水条件；二是开采状态下有无出现导水通道的条件，如覆盖层变或尖灭形成“天窗”、断裂破碎带、古坍塌、顶板崩落等。此外，应利用一切技术手段掌握地表水与充水围岩之间的水力联系程度，如抽水试验、地下水动态成因分析、实测河段入渗量，或用数值法反演计算不同河段的入渗量等。但是,准确评价大型地表水的充水强度是很困难的,往往直至矿井开采结束前都在观测研究地表水溃入的可能性。对地表水补给条件的评价可以从以下几方面进行分析。

(1)井巷与地表水体间岩石的渗透性。

根据井巷与地表水体间岩石的渗透性不同,可将表水体附近的矿井分为:

①井巷与地表水体间无水力联系,地表水不补给矿井水;

②井巷与地表水体间有微弱水力联系,地表水可少量补给矿井水,矿井排水疏干漏斗可越过地表水体;

③地表水正常渗入补给,地表水体为定水头补给边界,补给量较为稳定,矿水量主要取决于透水岩层的透水性、过水断面和水头梯度。当充水通道为砂砾石孔隙或岩溶管道时,矿井涌水量可能很大,甚至造成灾害性影响。

(2)地表水体与井巷的相对位置。

地表水体与井巷所处的相对高程,只有当井巷高程低于地表水体时,地表水才能成为矿井充水水源;当井巷高程低于地表水体,在其条件相同时,距离愈小,影响愈大,反之则影响减小。

(3)地表水体的性质和规模。

当地表水是矿井充水来源时,若为常年性水体,则水体为定水头补给边界,矿井涌水量通常大而稳定,淹井后不易恢复;若为季节性水体,只能定期间断补给,矿井涌水量随季节变化。因此,当矿区存在地表水体时,首先应查明水体与井巷的相对位置,其次需勘查水体与井巷之间的岩层透水性,判断地表水有无渗入井的通道及其性质,最后在判明地表水体确系矿充水水源时,根据地表水体的性质和规模大小、动态特征,结合通道的性质确定地表水体对矿井充水的影响程度。通常采用河流断面法测量河流的渗漏量。

(4)地表水涌入或灌入矿井的途径。

地表水体能否成为矿井充水水源,取决于地表水体与井巷之间有无直接或间接联系的通道。通常,地表水涌入或灌入矿井的途径是:①通过第四系松散砂砾层及基岩露头;②通过小窑采空区;③通过地表岩溶塌陷;④地表水体之下,开采冒落裂隙带与地表水体连通。

在地表水下采矿时一般要采用保护顶板稳定性采矿方法,如充填采矿法、支撑采矿法等,有的矿床也只能暂时放弃。

3. 地下水作为矿井的直接充水水源

大多数采矿活动一般位于地下,因此,地下水一般为矿井水的直接来源,常伴随着巷道的开挖或矿层的开采直接进入采矿系统。当水量较小时,不会对矿井的安全生产构成威胁,但当水量较大时,将会严重影响矿井生产和人员生命的安全,损害非常严重。

1)水源类型

(1)充水岩层的空隙性质。

根据充水岩层的含水空间特征,可将其分为孔隙充水岩层、裂隙充水岩层和岩溶充水岩层,地下水分别称为孔隙水、裂隙水和岩溶水。

①孔隙水充水特点。含水空间发育比较均一,其富水性取决于颗粒成分、胶结程度、分布规模、埋藏及补给条件。孔隙充水岩层对矿井充水的影响有以下表现:

当井筒穿过松散孔隙含水层时，常发生孔隙水和流砂溃入事故。采取冻结、沉井、降水等特殊凿井方法通过这类含水层，基本避免了这种水害的发生。

井下开采第四系矿层时，矿层顶板含水砂层中的水及流砂会溃入矿井。例如某矿区在1960—1970年开采期间共发生突水突砂事故18次，造成停产、巷道报废或淹井事故。

隐伏矿区露天开采时，覆盖层中的孔隙水是天坑的主要充水水源，必须在剥离前进行预先疏干。

露天剥离岩层中孔隙水的存在，还会改变岩层的物理力学性质，导致黏土膨胀、流砂冲溃、边坡滑动等工程地质问题。

在松散含水层下采矿时，顶板水量可能较大，甚至构成水害。

②裂隙水充水特点。含水空间发育不均一，且具有一定的方向性，其富水性受裂隙发育程度、分布规律和补给条件的控制，一般富水性不强。

裂隙充水岩层常构成矿层的顶、底板，是矿井采掘作面经常揭露的含水层。由于其富水性较弱，通常表现为淋水、滴水或渗水。水量一般不大，且分布不均一。当无其他水源补给时，单个出水点的水量常随时间而减少，矿井涌水量初期随巷道掘进长度和回采面积的增加而增大，逐渐趋于稳定，后期巷道掘进长度和回采面积进一步增加，矿井涌水量无明显增大甚至略有减少。裂隙充水岩层在矿井产中很少构成水害威胁，而在建井过程中因受排水能力限制有时造成淹井。

③岩溶水充水特点。由于其含水空间分布极不均一，岩溶水具有宏观上的统一水力联系而局部水力联系不好，且水量分布极不均匀的特点。因此，岩溶充水岩层对矿井充水影响的两个特点：一是位于岩溶发育强径流上的矿井易发生突水且突水频率高，矿井涌水量大；二是矿井充水以突水为主，个别突水点的水量常远远超过矿井正常涌水量，极易发生淹井事故。岩溶充水岩层导致矿井充水，除水量大、来势猛外，在一些岩溶充水岩层裸露或半裸露、溶洞被大量黏土充填且开采水平地面较近的矿区，突水的同时常发生突泥事故。岩溶水还存在地下暗河，此时危害性更大，在此不作阐述。

(2)充水岩层与矿床的接触组合关系。

由于大多数采矿活动与地下工程活动都发生在地表面以下，所以地下水往往是造成矿山和地下工程充水的最主要水源，地下水作矿井或地下工程充水水源时，可依其与矿床体的相互位置关系及其充水特点分为间接充水水源、直接充水水源和自身充水水源三种基本形式。

①间接充水水源。间接充水水源是指充水含水层主要分布于开采矿层的周围，但和矿层并未直接接触的充水水源，常见的间接充水水源含水层有间接顶板含水层、间接底板含水层、间接侧帮含水层或它们之间的某种组合。间接充水水源的水只有通过某种导水构造穿过隔水围岩进入矿井后才能成为真正意义上的矿井充水水源。对矿井充水的影响程度除决定于间接充水含水层的富水性外，主要取决于水力联系通道的性质和直接充水含水层的导水性。

②直接充水水源。直接充水水源是指含水层与开采矿层直接接触或矿山生产与建设工程直接揭露含水层而导致含水层水进入井的充水含水层。常见的直接充水水源含水层

有矿层体直接顶板含水层、直接底板含水层及露天矿井剥离第四系含水层。直接含水层中的地下水并不需要专门的导水构造导通，只要采矿或地下工程进行，其必然会通过开挖或采空面直接进入矿井。

③自身充水水源。所谓自身充水水源主要是矿层本身就是含水层。一旦对矿层进行开发，赋存于其中的地下水或通过某种形式补给矿层的水就会涌入矿井形成充水，该类型矿井在黄石地区并不多见。

2)充水水源的特点与规律

(1)矿井充水强度与充水含水层的空隙性、富水程度有密切关系。

一般情况下，裂隙充水矿井的充水强度要小于孔隙充水矿井和岩溶充水矿井的强度。受强岩溶含水层充水的矿井多为强富水矿井，发生突水时，一般水量大、来势猛、不易疏干，易形成巨大灾害；而裂隙水充水时，主要以渗水、淋水为主，突水量不大，对矿井开采影响相对较小。

(2)矿井充水特点与充水含水层中地下水性质及水量大小有关。

流入矿井的地下水包括两个性质完全不同的组成部分：一部分为静储量，即充水岩层空隙中所贮存的水体积。该部分水量的大小及其对矿井的充水能力主要取决于充水含水层的厚度、分布规模、空隙性质以及给水能力。另一部分为动储量，即充水岩层获得的补给水量该水量是以一定的补给和排泄为前提，以地下径流方式在充水含水层中不断地进行交替运动。

当矿井充水含水层中的地下水以静储量为主时，矿井充水特点：初期矿井涌水量相对较大，随着排水时间的延续，矿井涌水量逐渐减小，此类型充水水源易于疏干；当矿井充水含水层以动储量为主时，涌水量相对较稳定，涌水量的动态特征往往易受充水含水层补给量的动态变化影响，此类型充水水源的矿井涌水不易疏干。

3.4 矿山水患的影响因素

为了提高矿山的安全性，防止井下发生突水灾害事故，需对矿井突水灾害事故的影响因素进行分析，在总结国内外各突水矿山的地质构造、水文特征以及开采状况等情况的基础上，分析这些矿山的突水原因及其存在的安全隐患，综合研究分析认为矿山突水主要受以下几个因素影响。

3.4.1 人为因素

造成矿井突水事故的影响因素较多，在明确了造成矿井突水事故的水源及充水通道的基础上，除了一些本身的工程地质条件和工程因素会直接造成矿井的突水事故外，人为因素也是造成矿井发生突水事故的主要影响因素之一，这主要是由于有些现场作业人员缺乏安全意识，或者未按照标准和规范进行现场施工。

一般情况下，矿井发生突水事故都会有一定的征兆，如矿井岩壁出现渗水和挂汗现象等。其一，矿山未按照要求对现场工作人员进行安全教育培训，造成现场工作人员安全意识淡薄，对矿井突水灾害事故出现的前兆了解不够，当矿井突水灾害事故征兆出现时，现场工作人员可能未及时发现，或未及时将现场情况上报给领导并采取相应的措施，从而导致矿井突水灾害事故的发生。其二，现场工作人员对现场工程地质条件掌握程度不够，盲目进行开采和掘进，未及时进行超前探水，也可能造成矿井突水灾害事故。其三，在矿山进行防治水工作过程中，由于人为因素影响，可能会出现擅自更改设计或偷工减料等情况，造成现场防治水措施不到位，进而引起矿井突水灾害事故。比如矿井巷道设计存在缺陷，在进行巷道选址时，由于设计不合理，选择了靠近水源汇集地或含水层表面，这会导致开采期间，顶板遭受到水压和地面压力，进而出现漏水或渗水等安全事故。

采矿工艺、施工方法和管理等均会导致井下突水灾害事故的发生，且大多数突水事故均是发生在施工爆破开挖后。在采矿方法一定的条件下，开采空间的大小决定着底板的突水与否。开采空间的大小主要由工作面斜长及采厚来衡量。开采空间越大，工作面周围的支承压力越大，从而底板的变形及破坏越严重，突水的可能性也越大。在实际生产中发现，在水压、隔水层厚度、岩性及构造条件基本一致时，工作面倾斜长度大的容易发生突水。在有突水危险的地区适当地减小工作面斜长可以防止突水事故的发生。同样，采厚越大，工作面周围支承压力越大，突水的可能性也越大。

不同的采矿方法与工作面突水有一定关系，采用矿压显现不剧烈的采矿方法，可以减轻工作面底板的破坏程度，有利于抑制突水的发生。实践证明，采用短壁工作面开采、条带开采或充填采空区，可以避免或减少突水事故的发生。

3.4.2 矿井突水水源

矿井突水事故发生的根源是由于地下水的存在，在外界环境的刺激下，地下水渗透到井下采空区或巷道等，从而导致矿山发生井下突水事故，因此，首先需掌握矿井发生突水事故的根源，即明确矿井突水的水源分布。结合国内外各突水矿山的典型事故，可将影响矿井突水事故发生的水源特征归纳为大气降水、地表及采空区积水和地下含水层等。

1. 大气降水

大气降水主要是由于降水而产生的水，其水量的大小与地区、降水量等因素有关，如中国南方地区降水次数多、降水量较大，而在中国北方则降水次数相对较少，且大气降水是造成井下发生突水事故的重要水源之一。在井下开采中，由于地质构造等不同的影响，岩石或土体均含有一定的孔隙和裂隙等，在大气降水的作用下，地表水会沿着岩体中的孔隙或裂隙逐渐渗透至井下，当涌水量达到一定程度时，可能会引起矿井发生突水灾害事故。可以在地表合理布设一些防排水工程，促使地表水能够得到有效防治，从而避免对矿井形成渗漏等危害。其次，还应该重点关注当地降水状况，尤其是对于雨季出现的短期内强降水问题，更是需要进行准确预判，保证在进行相应防治工程时，能够有效应对，从而避免因为周围河道水位的上涨影响矿井作业安全。

2. 地表及采空区积水

造成矿井发生突水事故的另一个较为重要的水源为地表及采空区积水。对于有些矿山而言，在地表分布有零星的池塘和河流等，且在井下残留有采空区等，这些区域均是储存地下水的主要通道。一方面，由于岩体为天然的裂隙或孔隙岩体，地表水易通过岩体中的裂隙或孔隙渗透到井下；另一方面，随着开采的进行，会产生爆破震动等动荷载作用，导致岩体中的裂隙逐渐增加，或者由于地质构造的存在，地表水通过断层等构造与井下采场进行贯通；此外，在老的采空区中也可能存在一定的积水，这些因素均会导致矿井发生突水灾害事故。因此，矿山在开采过程中要高度重视井下水灾的防治，无论是掘进巷道还是开挖采场，均需提前做好补充勘探和探水工作，掌握矿区的水文地质条件，完善井下采空区和积水区等相关资料，为井下防治水害提供坚实的基础。

3. 地下含水层

地下含水层是矿井发生突水事故最为重要的水源之一，特别是存在较大含水层的矿山。含水层含水量的大小与含水层的厚度、含水层距采场的距离等因素有关。由于井下采场的开采，含水层附近的岩石层在动荷载扰动作用下易产生裂隙，从而给地下含水层提供渗流通道，一旦含水层中的水源渗流到采场，易导致淹井事故的发生。在地下开采中，首先，需探明含水层的厚度及含水层距离矿体的厚度；然后，结合矿山开采技术条件和水文地质条件，确定合理的采矿方法等，特别是有些采空区的顶层和底板没有隔水层时，一旦发生矿井涌水事故，其产生的后果会极其严重，因此，在矿山开采过程中需打探水孔提前探水，做好井下水预防工作。

3.4.3 矿井充水通道

矿井突水水源是导致矿井发生突水事故的首要条件，其次矿山水害的形成除了与突水水源有关之外，还与突水通道和突水强度密不可分。其中，突水水源是矿山水害发生的根源，但只有水源也未必会发生水害，还需要有突水通道，如果对突水通道进行封堵或采取其他措施，使突水水源无法进入矿坑，那么也不会发生突水事故。即使同时具备了突水水源和突水通道，而突水强度较小，矿山自身的排水能力足够，那么也不会发生水害事故；如果突水强度超过了矿山的排水能力，则会造成水害事故，严重时甚至会淹没整个矿坑，从而导致人员伤亡和财产损失。对于水源到达采场的渗水通道，国内外典型矿山的突水事故表明，裂隙、断层、顶板冒落带、钻孔、井筒、采空区、岩溶和孔隙等均是矿井发生突水事故的重要通道，其中导水裂隙带和垮落带为最主要的通道，一般会对矿井突水灾害产生较为严重的影响。充水通道分为自然导水通道和人为导水通道。

1. 自然导水通道

地层的裂隙和断裂带。坚硬岩层中的矿床，其中的节理型裂隙较发育部位彼此连通时也可以构成裂隙涌水通道。根据勘探及开采资料，可以把断裂带分为隔水断裂带与透水断裂带两大类。

岩溶通道：岩溶空间很不平均，之间可彼此连通，组成沟通各种突水源的通道，也可形成孤立的充水通道。有许多非金属和金属矿区都深受其害。认识这种通道的关键在于能否准确地掌握矿区的岩溶发育规律与岩溶水的特征。

孔隙通道:孔隙通道突水是指松散层粒间的孔隙输水造成涌水。它可能会在开采矿床与开采上覆松散层的深层基岩矿床时遇到。前者多为均匀涌水,仅在大颗粒段和丰富水源的矿区才可能导致突水;后者多数在建井时期造成危害,此类通道可以输送本含水层的水到井巷,也可以成为沟通地表水的通道。

2. 人为导水通道

这种类型通道是人的不合理勘探或开采造成的,理应杜绝产生此类通道。

顶板冒落裂隙通道:采用崩落法采矿造成的突水裂隙,如达到上覆水源时,则可能导致该水源涌入巷道造成突水。

底板突破通道:当巷道底板下面有间接充水层时,便会在地下水压力与矿山压力双重的作用下破坏底板隔水层形成人为裂隙通道,并直接导致下部的高压地下水涌入井巷造成突水。

钻孔通道:在各类勘探钻孔施工时均可能会沟通矿床上、下各含水层或地表水。如果在勘探结束后对钻孔封闭不良或未封闭,开采中揭穿钻孔时就会引发突水。需要注意的是,封闭不良钻孔作为一种重要的人工导水通道,由于其规模小,隐蔽性强,并没有引起足够的重视,常引发突水事故。目前对封闭不良钻孔突水的研究,主要集中在其安全性评估方法、管理信息系统设计、可视化探测方法以及涌水量预测及治理技术,对其突水机理的研究不多。

3.4.4 矿井的地质因素

一般情况下,开采矿区的地质条件相对比较复杂,除了由于本身的开采规模和施工方式等会对突水产生比较重大的影响以外,从地下工程突水的发生条件来看,矿体本身所赋存的岩性、施工干扰和水文地质条件是影响突水的主要因素。水文地质条件主要受采矿区域的地形地貌条件、地层岩性、地质构造和岩溶水动力分带条件等因素影响。因此在矿山开采之前,首先应该重点做好前期水文地质勘察工作,以便全方位了解矿井所处区域的水文地质状况,从而更好掌握有可能出现的水害问题,使防治水工作具有针对性。在水文地质勘察工作的开展过程中,不仅仅需要全方位了解矿井所处区域的地表水分布状况,还应该重点详细了解地质分布状况,尤其是对于地下水的埋藏状况,更是需要借助于适宜合理的水文地质勘察技术及手段予以充分掌握,以此更好地增强最终水文地质勘察的效果。这样才能更好的掌握矿区的地质情况,以指导矿山进行安全生产。

1. 地质构造

地质构造是指在地球的内、外应力作用下,岩层或岩体发生变形或位移而遗留下来的形态。在层状岩石分布地区最为显著,也存在于岩浆岩、变质岩地区。具体表现为岩石的褶皱、断裂、劈理以及其他面状、线状构造。对地基的稳定性和渗漏性有直接影响,如褶皱构造核部岩石破碎、裂隙发育,强度低,渗透性较大。而断层是造成矿层底板突水的主要原因之一。断层之所以成为底板突水的主要影响因素,有以下几个方面的原因。

(1)回采工作面底板岩体中存在断层时,底板的采动破坏深度增大。

(2)断层的存在破坏了底板岩层的完整性，降低了岩体的强度。一般情况下，断层带内岩石的单轴抗压强度仅为正常岩石的1/7。研究表明，在断层落差为几十米的情况下，断层附近节理区的出现是顺断层方向发展的，一般在断层两侧延展较小；断层落差为2～7m时，断层附近一般直接伴随岩石弱化区，其强度降低较大，范围离开断层约1m，而一般岩石弱化区为5m。

(3)断层上下两盘错动，缩短了矿层与底板含水层之间的距离，或造成断层一盘的矿层与另一盘的含水层直接接触，使工作面更易发生突水。

(4)揭露充水、导水构造的断层破碎带或断层影响带时会发生突水。

查明区域构造体系，区分出导水、富水还是隔水断层对预测预防矿层底板突水是很有必要的。断层的导水与否主要与断层的力学性质有关。正断层是在低围压条件下形成的，其断裂面的张裂程度很大，并且破碎带疏松多孔隙、透水及富水性强。而逆断层多是在高围压条件下形成的，破碎带宽度小且致密孔隙小。所以，在其他条件相同的情况下，正断层的存在更容易造成工作面突水。实际情况中有一些压性逆断层，经过后期的构造运动变成张性正断层，导致断层性质的复杂化。另外，断层的导水性与断层的其他性质也有关，当断层面与岩层夹角较小或接近平行时，其导水性较差；反之则导水性较强。当断层带两侧都是坚硬岩体时，则导水性强；当断层带一侧为坚硬岩体，另一侧为软弱岩体时，则导水性弱，当断层带两侧均为软弱岩体时，则断层带的充填情况较好，其导水性很弱，甚至不导水。

2. 矿山压力

除了采掘工作揭露充水或导水断层直接造成工作面直接突水外，大多数的回采工作面底板突水都与矿山压力的活动有关。矿压对矿层底板突水起着触发及诱导作用，尤其矿层底板存在断裂构造时，这种作用更加明显。

随着回采工作面的推进，处于矿壁前方的底板岩体，首先受到支承压力的影响而被压缩，当支承压力值超过底板岩层的极限强度时，在底板岩体中便出现塑性变形。当底板跨过此区而进入采空区时，这部分岩体由于卸载将由压缩状态转入膨胀状态，上部的直接底板在矿压及水压的作用下(主要是矿压)产生底鼓。由于组成底板的岩层每一层的厚度及力学性质不同，在纵向上表现出不均匀性，因此，各层的挠度不同，这样在层与层之间就会产生一定的顺层裂隙，这时向底板钻孔中压水，耗水量增加。同时，由于底板岩层的膨胀鼓起，在每层的表面将会产生垂直于层面的张裂隙。所以，在这一阶段底板岩层形成的采动裂隙最多，破坏程度也最大。随着工作面的推进，矿层顶板冒落的岩石将逐渐压实，底板岩层由膨胀状态逐渐恢复到原始状态，采动裂隙逐渐减少，甚至全部闭合。当底板岩层处于膨胀状态时，采动裂隙最发育，底板突水往往是发生在底板处于膨胀状态下。

随着拉应力的增加，岩体的渗透性增大。在底板岩体中处于膨胀状态的岩体主要受拉应力的作用，其渗透性将增大，涌水及突水的概率较大。随着工作面的推进、老顶不断周期性地垮落产生巨大的冲击力，底板最容易诱发突水。因此，减小顶板初次来压及周期来压强度是预防底板突水的重要措施之一。

3. 底板岩体特性

底板岩体的强度是突水的抑制因素，在评价底板岩体时，不仅要考虑其强度的高低，而且还要考虑其岩性及隔水能力。在其他条件一定的前提下，底板岩体强度越高，突水的概率越小。例如，石灰岩及砂岩的抗压及抗拉强度都很高，当它们裂隙发育时，可成为良好的透水层；而泥岩及页岩，其强度较低，隔水能力较强，在采动过程中形成的采动裂隙经过一段时间后可闭合，恢复其隔水性。

3.5　本章小结

本章主要介绍了事故致因理论、非煤矿山地下开采水患的主要类型，深入研究了矿山水患成因机理和影响因素，分析了可能导致矿井水害发生的人的不安全行为、物的不安全状态、采矿方法等，为非煤矿山地下开采水患安全风险预警评估模型的构建提供了依据。

第4章　非煤矿山地下开采水患安全风险预警评估模型的构建

4.1　模型方法

从定义上来说，安全是指人没有危险。人类的整体与生存环境资源的和谐相处，互相不伤害，不存在危险的隐患，是免除了使人感觉难受的损害风险的状态。安全是在人类生产过程中，将系统的运行状态对人类的生命、财产、环境可能产生的损害控制在人类不感觉难受的水平以下的状态。

风险是指特定危害性事件发生的可能性与后果的结合。潜在的伤害，可能致命、致伤、中毒、设备或财产损害等影响因素都可称为风险。它具有可能性和严重性两个特性，如果其中一个不存在，则认为这种风险不存在，如电击危险，如果能保证在有电击可能性的地方，不允许人员进入，就可认为这个风险是不存在的。

可接受风险是指预期的风险事故的最大损失程度在单位或个人经济能力和心理承受能力的最大限度之内。安全评价是以实现工程、系统安全为目的，应用安全系统工程原理和方法，对工程、系统中存在的危险、有害因素进行识别与分析，判断工程、系统发生事故和急性职业危害的可能性及其严重程度，提出安全对策建议，从而为工程、系统制定防范措施和管理决策提供科学依据。

4.1.1　研究内容

本次以非煤矿山水患安全为研究对象，以提高其安全性、减小水患事故发生的可能性为目的，设计一套较完整的非煤矿山地下开采水患安全风险预警评估模型。主要研究内容有以下几个方面。

(1)查阅相关文献、国家标准、行业标准来确定非煤矿山对于预防水患的相关技术、管理规范要求，以及依据第2章对非煤矿山水患类型及成因的研究，进一步辨识影响非煤矿山水患的指标因素并按照体系进行分类，并结合安全风险的相关理论，把矿山水患影响因素分为：人(人为操作)、物(物料、工程设备设施)、环(环境影响)和管(管理水平)四个模块。

(2)依据《金属非金属地下矿山防治水安全技术规范》(AQ 2061—2018)、《有色金属矿山水文地质勘探规范》(GB 51060—2014)等规范，并结合矿山实际情况，构建的非煤矿山突水安全风险评价体系更具备实用性；同时邀请10位专家依据规范中的评价要素对非煤矿山进行现场调研并打分作为实际结果，再采用 AHP - CRITIC 对评价体系中各指标因素权重进行综合权重计算，最后依据云模型评价法对非煤矿山突水进行安全风险预警评估，将 AHP - CRITIC -云模型评估所得的结果与实际结果进行对比研究，综合得出一种更优的非煤矿山突水安全风险预警评估模型。

4.1.2 技术路线

研究的主要技术路线见图 4 - 1。

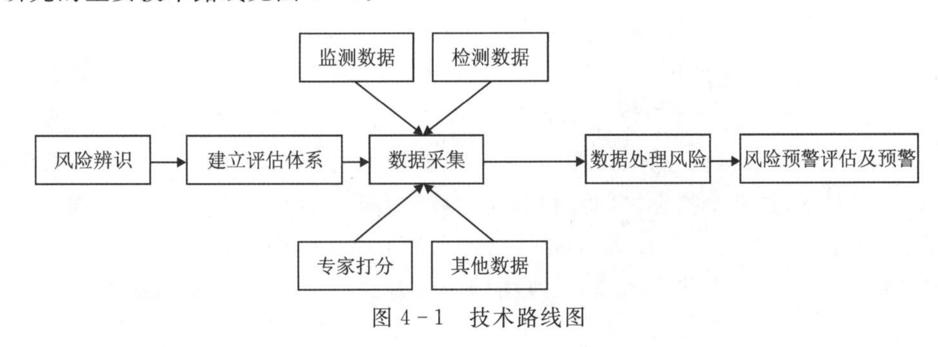

图 4 - 1 技术路线图

4.2 评估模型构建

4.2.1 指标体系建立

矿井突水是矿山最频繁发生的灾害。近些年，虽然我国非煤矿山的安全水平得到了提升，但安全形势总体依然严峻。近年来，我国非煤矿山事故数量和死亡人数均高于煤矿。究其原因，可以概括为非煤矿山数量多、底子薄、风险高、监管弱。据统计，2021 年，全国矿山共发生水害死亡事故 4 起、死亡 48 人。2013—2017 年全国的非煤矿山事故中水害事故占到 20%。另外，地表水、地下水的流失还会导致井泉干涸、河流断流，严重影响生态环境平衡和农业生产。因此，有效防范水害事故，减少人员伤亡和财产损失，开展非煤矿山突水安全风险的研究非常有必要，是形势所趋。

矿山突水灾害是指矿山在生产过程中，由于巷道开挖、含水层、采动影响及钻探等导致地下水突然大量涌出，引起矿山全部或局部被淹没的矿山涌水事故，严重影响矿山的安全生产，易产生经济损失和安全损失。2013 年，刘仕瑞根据安全系统理论的原理建立矿山突水安全风险预警评估体系，并采用 AHP - FCE 法建立了评估模型，2013 年胡建华等以突水通道脆弱性为评价对象，构建矿山突水通道脆弱性的 5 级评价体系。2016 年，刘磊等运用中心点白化权函数对古汉山矿底板突水危险性进行灰色评价分析，得出底板突水危险性分布图，同时对底板突水危险性趋势进行了预测。2021 年王建军等分别从突水水源、充水通道、地质因素、工程因素、人为因素五个方面分析了矿山突水的影响因素。2022 年，陈懋等利用 AHP-EWM 组合赋权并结合云模型，构建了突水危险性综合评价云。

因此，寻求矿山井下突水发生原理，寻找主动防治技术是井下工作的一项重要内容。造成矿井突水的原因众多，且一般均为各种因素共同影响的结果。然而，这种共同作用用很难用精确的数学语言来描述。目前，地质环境评价分析、数学与计算机模型评价分析、物探勘探评价分析、水化学离子及同位素评价分析是国内外常用的四种分析方法。但矿井由于评价体系方法使用单一，或设备不够先进等多方面原因，挖掘过程中缺乏有效的动态监测手段。

当前对于矿山突水的研究，大多以煤矿为主，对于非煤矿山的研究较少。而且对于矿山突水安全风险评价体系的构建普遍以技术性因素为主，而管理因素其实是实际生产中影响矿山水患安全的十分重要的环节。本研究从安全科学系统论和综合论的角度，认为人、物、环境、管理是故事产生的四大综合要素，主张将工程技术硬手段与教育、管理软手段等结合起来，采取综合措施。由于物包括物料和机械设备，但是影响矿山突水的主要因素在于工程设备设施，所以本研究从人为操作、工程设备设施、管理水平以及环境影响因素四个方面构建一级指标，这四个指标之间互相独立。再结合我国关于非煤矿山矿山突水管理相关法律法规和矿山实际情况，对矿山突水事故的致因分析，研究其影响因素，构建如 4-2 所示的指标体系，其中目标层代码为 A，一级指标代码为 B_1—B_4，二级指标代码为 C_1—C_{12}，三级指标代码为 D_1—D_{38}。

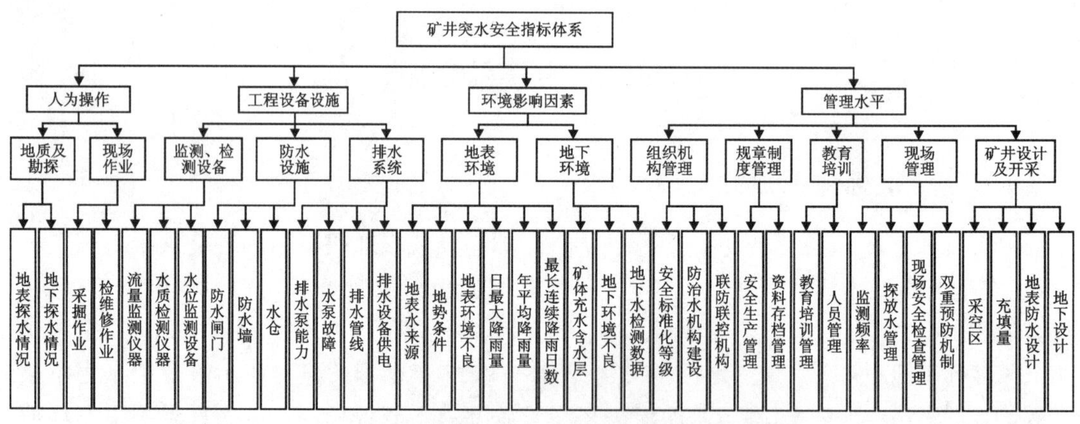

图 4-2 非煤矿山突水安全风险预警评估体系

4.2.2 基于 AHP 的权重计算

层次分析法(analytic hierarchy process，AHP)是由 Satty 提出的一种定性和定量相结合的层次化分析方法，属于主观赋权法的一种，是建立在系统理论基础上的一种解决实际问题的方法。该方法将实际问题层次化，根据具体问题的特点和目标，将问题剖析为不同的组成因素，并依据因素之间的关系构建成多层次的结构分析模型，并依据因素之间的对比判断，对其比率定量化，形成比较矩阵，最终得到各个层级中各因素的权重。为了确定指标权重，它首先确定同一层次的指标对上层指标的影响程度，再根据对上层指标的影响程度对同层各指标进行两两比较，根据1～9标度法建立判断矩阵，对判断矩阵进行求解，计算指标的主观权重为 φ_i 。

层次分析法顾名思义，是通过对风险指标系统进行层次间的划分，以及对同层次的指标进行重要程度的两两比较，确定各指标的层次单排序和层次总排序。从而获取各指标的权重大小。其主要算法流程如图4-3所示。

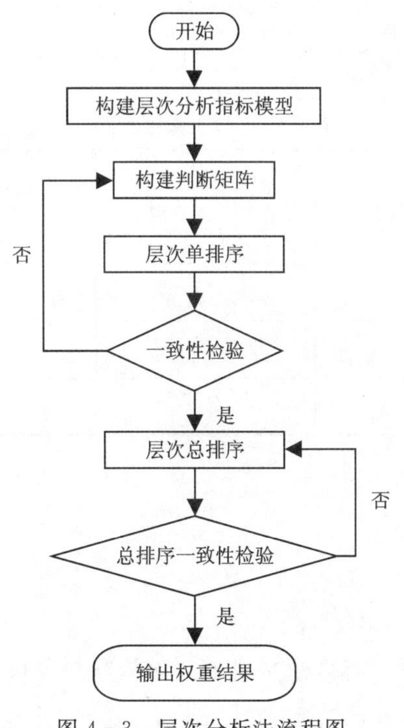

图4-3　层次分析法流程图

在进行评估指标权重的确定中，运用层次分析法对各指标进行权重分配。层次分析法的基本流程如下。

1. 构造层次分析结构

层次分析结构首先将问题条理化、层次化，构造出一个层次分析结构的模型，一般将模型主要分为目标层、准则层和方案层。在本指标体系中，总共有四层，目标层是矿山突水(A)，准则层是一级指标(B_1—B_4)和二级指标(C_1—C_4)，方案层则是三级指标(D_1—D_{38})。

在实际操作中，基本运用已经梳理和归纳好的矿井突水安全风险预警评估体系进行层次分析的相关运算。

2. 构造判断矩阵

建立层次分析模型之后，需要对各层元素中进行两两比较，构造出比较判断矩阵。层次分析法通过引入合适的标度数值来写成判断矩阵，判断矩阵表示针对上一层次因素，本层次与之有关因素之间相对重要性的比较。判断矩阵是层次分析法的基本信息，也是进行相对重要度计算的重要依据。其基本方法如下。

假定上一层次的元素B_k作为准则，对下一层元素$C_1,C_2,\cdots,C_n$有支配关系，主要目的是要在准则B_k下按其相对重要性赋予$C_1,C_2,\cdots,C_n$相应的权重。在这一步中要处理以下问题：针对准则B_k，两个元素C_i、C_j哪个更重要以及重要性的大小。针对重要性赋予一定的数值，数值来源有相关方向专家确定。

对于n个元素，得到两两比较的判断矩阵$\boldsymbol{C}=(C_{ij})n\times n$。其中$C_{ij}$表示因素$i$和因素$j$相对于目标的重要值。

一般来说，构造的判断矩阵取如表4-1形式。

表4-1　判断矩阵形式

B_k	C_1	C_2	$\cdots$	C_n
C_1	C_{11}	C_{12}	$\cdots$	C_{1n}
C_2	C_{21}	C_{22}	$\cdots$	C_{2n}
$\vdots$	$\vdots$	$\vdots$	$\cdots$	$\vdots$
C_n	C_{n1}	C_{n2}	$\cdots$	C_{nn}

矩阵$\boldsymbol{C}$具有如下性质：

(1)$C_{ij}>0$；

(2)$C_{ij}=1/C_{ji}(i\neq j)$；

(3)$C_{ii}=1$。

在层次分析法中，采用1～9标度法来对上述决策判断定量化(表4-2)，以形成数值判断矩阵。

表4-2　判断矩阵标度及其含义

序号	重要性等级	C_{ij}赋值
1	i,j两元素同等重要	1
2	i元素比j元素稍重要	3
3	i元素比j元素明显重要	5
4	i元素比j元素强烈重要	7
5	i元素比j元素极端重要	9
6	i元素比j元素稍不重要	1/3
7	i元素比j元素明显不重要	1/5
8	i元素比j元素强烈不重要	1/7
9	i元素比j元素极端不重要	1/9

注：针对无法确定两重要度之间属于哪个的问题，可以取两标度之间的偶数值。

构造出上述的比较判断矩阵后，即可对判断矩阵进行单排序计算。在各层次单排序计算的基础上还需要进行各层次总排序计算。在进行该类计算之前，需要进行一致性检验。

3. 判断矩阵一致性检验

为保证判断具有一个大体的一致性，不违反常识，为了保证应用层次分析法分析得到的结论合理，需要对构造的判断矩阵进行一致性检验。这种检验通常是结合排序步骤进行的。

根据矩阵理论可以得到这样的结论，即如果 λ_1 ，λ_2 ，…，λ_n 是满足公式(4-1)的数。

$$\mathbf{A}x = \lambda_x \tag{4-1}$$

也就是矩阵 **A** 的特征根，并且对于所有 $a_{ii} = 1$ ，有

$$\sum_{i=1}^{n} \lambda_i = n \tag{4-2}$$

当矩阵具有完全一致性时，$\lambda_1 = \lambda_{\max} = n$ ，其余特征根均为零；而当矩阵 **A** 不具有完全一致性时，则有 $\lambda_1 = \lambda_{\max} > n$ ，其余特征根 λ_2 ，λ_3 ，…，λ_n 有如下关系

$$\sum_{i=1}^{n} \lambda_i = n - \lambda_{\max}$$

当判断矩阵不能保证具有完全一致性时，相应判断矩阵特征根也会发生变化，可以使用判断矩阵特征根的变化来检验判断的一致性程度。因此，在层次分析法中引入判断矩阵最大特征根以外的其余特征根的负平均值作为度量判断矩阵偏离一致性的指标，即用矩阵偏离一致性的指标(CI)。

$$\mathrm{CI} = \frac{\lambda_{\max} - n}{n - 1} \tag{4-3}$$

CI 值越大，表明判断矩阵偏离完全一致性的程度越大；CI 值越小(接近于 0)，表明判断矩阵的一致性越好。还需引入判断矩阵的平均随机一致性指标 RI 值，对于 1～9 阶判断矩阵，RI 的值如表 4-3 所示。

表 4-3 平均随机一致性指标

n	1	2	3	4	5	6	7	8	9
RI	0.00	0.00	0.58	0.90	1.12	1.24	1.32	1.41	1.45

判断矩阵阶数为 2 时，具有完全一致性。当阶数大于 2 时，判断矩阵的一致性指标 CI 与同阶平均随机一致性指标 RI 之比称为随机一致性比率，记为 CR，当满足公式(4-4)时，即认为判断矩阵具有满意的一致性，否则就需要调整判断矩阵，使之具有满意的一致性。

$$\mathrm{CR} = \frac{\mathrm{CI}}{\mathrm{RI}} < 0.10 \tag{4-4}$$

4. 层次单排序

计算出某层次因素相对于上一层次中某一因素的相对重要性，这种排序计算称为层次

单排序。具体地说，层次单排序是指根据判断矩阵计算对于上一层某元素而言本层次与之有联系的元素重要性次序的权值。

理论上讲，层次单排序计算问题可归结为计算判断矩阵的最大特征根及其特征向量的问题。但一般来说，计算判断矩阵的最大特征根及其对应的特征向量，并不需要追求较高的精确度。这是因为判断矩阵本身有相当的误差范围。而且，应用层次分析法给出的层次中，各种因素优先排序权值从本质上说是表达某种定性的概念。因此，一般用迭代法在计算机上求得近似的最大特征根及其对应的特征向量。相关步骤如下。

（1）计算判断矩阵每一行元素的乘积 M_i ：

$$M_i = \prod_{j=1}^{n} a_{ij} \tag{4-5}$$

（2）计算 M_i 的 n 次方根 $\overline{W_i}$ ：

$$\overline{W_i} = \sqrt[n]{M_i} \tag{4-6}$$

（3）对向量 $\overline{\boldsymbol{W}} = [\overline{W_1}, \overline{W_2}, \cdots, \overline{W_n}]^{\mathrm{T}}$ 正规化（归一化处理）：

$$W_i = \frac{\overline{W_i}}{\sum_{j=1}^{n} \overline{W_j}} \tag{4-7}$$

则 $\boldsymbol{W} = [\boldsymbol{W}_1, \boldsymbol{W}_2, \cdots, \boldsymbol{W}_n]^{\mathrm{T}}$ 即为所求的特征向量。

（4）计算判断矩阵的最大特征根 $\lambda_{\max}$ ：

$$\lambda_{\max} = \sum_{i=1}^{n} \frac{(AW)_i}{n W_i} \tag{4-8}$$

其中 $(AW)_i$ 表示向量 AW 的第 i 个元素。

5. 层次总排序

依次沿各阶层次由上而下逐层计算，即可计算出最低层因素相对于最高总（总目标）的相对重要性或相对优劣的排序值，即层次总排序。层次总排序是针对最高层目标而言的，最高层次的总排序就是其层次总排序。

4.2.3　基于 CRITIC 的权重计算

批判法（Criteria Importance Through Intercriteria Correlation，CRITIC）是 Diakoulaki 等提出的一种适用于确定指标客观权重的方法，该方法以指标内的变异大小和指标间的冲突性来综合确定指标的客观权重。变异大小表示同一指标取值差距的大小，用变异系数来表现，变异系数越大，表明反映的信息量越大，权重越大。冲突性指两个指标间的相关系数，相关系数越大，表明反映的信息量有相似性，权重越小。另一种客观赋权法——熵权法只考虑指标值的变异程度，而实际各指标间具有一定的相关性，因此用 CRITIC 法确定客观权重更加科学，其步骤如下。

（1）构建初始矩阵。将各指标记为 i ，关于该指标的评价样本数据记为 j ，构建一个以

x_{ij} 为元素的 m 行、n 列的初等矩阵。即有 m 个评价指标，每个评价指标有 n 个数据样本。

(2)数据标准化。由于各指标的打分情况所参考的依据有差异，因此各指标之间单位不同会对指标产生影响，通常需要进行归一化处理，本研究采用正向极值标准化法，即

$$s_{ij}=\frac{x_{ij}-x_{\min}}{x_{\max}-x_{\min}} \tag{4-9}$$

式中：s_{ij} 为标准化值；x_{ij} 为原始值；$x_{\max}$ 为指标 i 的 j 个数据的最大值；$x_{\min}$ 为最小值。

(3)计算变异系数。指标内的变异大小，通常用每个指标的变异系数来衡量，即

$$\sigma_i=\sqrt{\sum_{j=1}^{n}\frac{(S_{ij}-\bar{S})^2}{n-1}} \tag{4-10}$$

$$V_i=\frac{\sigma_i}{\bar{S}} \tag{4-11}$$

式中：σ_i 为指标 i 的标准差；$\bar{S}$ 为指标 i 的 j 个数据的平均值；V_i 为指标 i 的变异系数。

(4)计算指标间冲突性。指标间的冲突性可用相关系数表明，本研究以皮尔逊相关系数计算，每个指标的冲突性计算公式为

$$T_i=\sum_{j=1}^{n}(1-r_{ij}) \tag{4-12}$$

式中：T_i 为指标的冲突性量化值；r_{ij} 为皮尔逊相关系数。

(5)计算信息量。

$$C_i=V_i\times T_i \tag{4-13}$$

式中：C_i 为指标的信息量；T_i 为指标的冲突性量化值；V_i 为指标 i 的变异系数。

(6)计算客观权重。对指标 i 的信息量进行归一化处理，得到 CRITIC 法的权重，即

$$\omega_i=C_i/\sum_{j=1}^{m}C_j \tag{4-14}$$

式中：ω_i 为指标 i 的客观权重；C_j 为各个指标信息量。

4.2.4 指标综合权重计算

AHP 法适用于处理决策者的主观信息，CRITIC 法适用于挖掘样本数据中客观信息，将两者结合起来，既考虑了主观性，又不失客观性。使用 AHP - CRITIC 法确定指标的综合权重为

$$\tau_i=\mu_1\varphi_i+\mu_2\omega_i \tag{4-15}$$

式中：μ_1、μ_2 分别为主观权重和客观权重的重要度系数，本研究中取 0.5；τ_i 为指标综合权重。

4.2.5 云模型评价法

云模型主要用于定性与定量之间的转换，自然界的不确定性从属性角度来说主要有随机性和模糊性，这跟单色光的“波粒二象性”相似。“云”是云模型的基本单元，是指在其论

域上的分布,可以以联合概率的形式(x,μ)来类比。

期望:云滴在论域空间分布的期望,在云图中表示云滴在论域中的数学期望,一般用符号 E_x表示。

熵:不确定性程度,由离散程度和模糊程度共同决定,在云图表示为云滴在论域中分布的横向范围,一般用符号 E_n表示。

超熵:用来度量熵的不确定性,亦即熵的熵,在云图中表示为云滴的集中程度,也表现为云层的厚度,一般用符号 H_e表示。

1. 正态云发生器

正态云发生器是依据(E_x,E_n,H_e)生成 n 个云滴所形成云图的程序,其中的每一个云滴都是依据这 3 个数值特征量所产生,工作流程如图 4-4 所示。

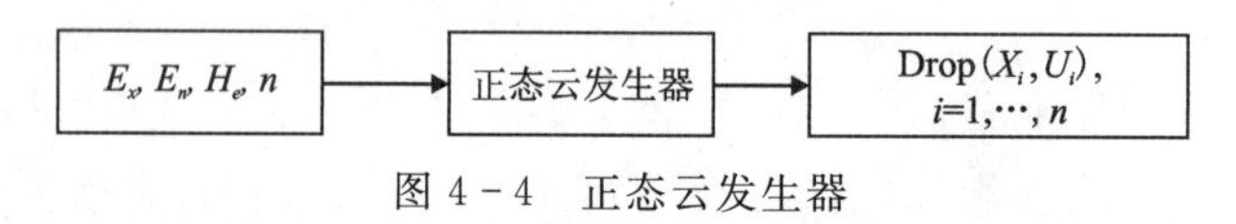

图 4-4　正态云发生器

一维正向正态云发生器的算法实现应如下流程所示。

(1)生成以 E_n为期望,以 $H_e{}^2$为方差的正态随机数 E_n。

(2)生成以 E_x为期望,以 abs(E_n)为方差的正态随机数 x。

(3)计算隶属度,即确定度:$u = \exp\left[-\frac{(x-E_x)^2}{2E_n{}^2}\right]$,则($x$,$u$)是论域中的一个云滴,通常也选用 $u=\exp\left[-\frac{(x-a)^2}{2b^2}\right]$($a$,$b$ 为常量)作为隶属度函数。其中 u 为隶属度即确定度,E_x为期望。

(4)依次循环实现(1)~(3),直至形成足够多的云滴。

2. 云图计算

1)标准云 C_V

标准云是依据评语集生成的云图,具体计算公式为

$$E_{x_v} = \frac{x_{\max} + x_{\min}}{2}$$

$$E_{n_v} = \frac{x_{\max} - x_{\min}}{6}$$

$$H_{e_v} = kE_{n_v} \tag{4-16}$$

式中:$x_{\max}$、$x_{\min}$ 分别为评分中的最大值和最小值;k 值表示熵与超熵之间的线性关系,本研究中将其取为 0.01。

将指标等级划分为低风险(Ⅰ)、较低风险(Ⅱ)、较高风险(Ⅲ)、高风险(Ⅳ)四个等级,分别对应定义评价数值区间[80,100],[60,80),[40,60),[0,40),依据式(4-16)计算标准云模型特征值,具体情况见表 4-4。

表 4-4 风险等级划分

风险等级	安全评级	分值区间	特征值(E_x,E_n,H_e)
低风险	优秀	[80,100]	(90,3.333,0.033 33)
较低风险	良好	[60,80)	(70,3.333,0.033 33)
较高风险	差	[40,60)	(50,3.333,0.033 33)
高风险	极差	[0,40)	(20,6.667,0.066 67)

将数据导入MATLAB,画出标准云图(图4-5)。

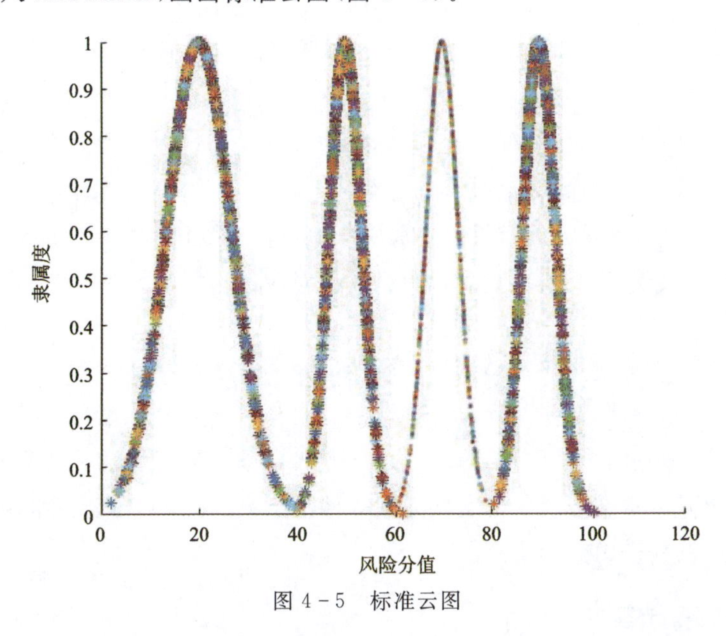

图4-5 标准云图

在图4-5中,横坐标代表了风险等级区间,可见0～100被分成了四个区间,与表4-3的分值区间一一对应,纵坐标代表了数值的隶属度,即确定度,它的值表示每一个云滴隶属于某个风险区间的隶属度大小。不同的颜色旨在区分不同的云滴,与风险值大小无关。

2)评价云 C_u

为生成评价云,首先要得到三个数值特征值,评价云数值特征值的计算公式为

$$\begin{cases} E_{x_u} = \bar{X} = \dfrac{1}{n}\sum\limits_{i=1}^{n} x_i \\ E_{n_u} = \sqrt{\dfrac{\pi}{2}}\dfrac{1}{n}\sum\limits_{i=1}^{n} \left| x_i - E_{x_u} \right| \\ H_{e_u} = \sqrt{\left| E_{n_u}^2 - S^2 \right|} \end{cases} \tag{4-17}$$

式中:S^2为样本方差。按式(4-17)计算得到这三个数值特征值后,即可得到评价云。

3)综合云 C

基于对各指标的打分情况确定云模型特征值，再结合 AHP-CRITIC 所得到的权重得到综合云特征值。计算公式为

$$\begin{cases} E_{x_n} = \sum_{i=1}^{n} \tau_i E_{x_i} \\ E_{n_n} = \sqrt{\sum_{i=1}^{n} (\tau_i E_{n_i})^2} \\ H_{e_n} = \sqrt{\sum_{i=1}^{n} (\tau_i H_{e_i})^2} \end{cases} \tag{4-18}$$

式中：$(E_{x_i}, E_{n_i}, H_{e_i})(i=1,2,\cdots,n)$为 n 朵云；$\tau_i\ (i=1,2,\cdots,n)$分别为每朵云对应的权重；$(E_{x_n}, E_{n_n}, H_{e_n})$为加权的综合云，得到综合云后需将其与标准云进行比较。

4)隶属度分析

通常以隶属度函数结果作为综合云风险等级的评价依据，由于云模型隶属度是随机变量，为了增加结果的信度，需要对正向云发生器重复运行 N 次，计算出隶属度均值 $\mu_{(x)}$ 。利用 MATLAB 对四个风险等级的云模型分别模拟 1000 次，得到平均隶属度分别为 $\bar{\mu_1}$ 、$\bar{\mu_2}$ 、$\bar{\mu_3}$ 、$\bar{\mu_4}$ 。根据最大隶属度原则，隶属度最大的数值对应该指标的风险等级。

4.3 实例分析

湖北某金属矿山有两个矿区，采用地下开采方式开采。矿区周边环境和地质条件复杂多变，地质报告将矿区水文地质条件定性为中等偏复杂。因此，矿山防治水工作任重道远，需引起足够重视，确保矿山安全生产。

4.3.1 权重计算

依据图 4-2 构建的指标体系，依据德尔菲法，多次采集专家意见，使用 yaahp 计算得出非煤矿山突水安全风险评估体系各因素的主观权重结果 φ_i 。

客观权重计算以三级指标中排水泵能力 D_{11}、水泵故障 D_{12}、未排水管线 D_{13}、排水设备供电 D_{14} 四个指标为例，其他计算过程与此相同，就不一一列举。

为了确保数据的可靠性，通过实地调查走访矿山，收集了大量资料，将资料整理后依据指标体系设置调查问卷，并邀请代表性的 8～10 位专家(表 4-5)，结合矿山实际情况，根据《金属非金属地下矿山防治水安全技术规范》(AQ 2061—2018)、《有色金属矿山水文地质勘探规范》(GB 51060—2014)等标准以百分制(表 4-6)对各指标打分，得到评分结果。

表4-5 专家情况统计表

专家编号	1#	2#	3#	4#	5#	6#	7#	8#	9#	10#
年龄	38	46	47	51	52	43	45	44	55	50
专业	安全科学与工程	安全技术及工程	安全科学与工程	安全工程	采矿工程	安全工程	地质学	环境工程	采矿工程	采矿工程
职务/职称	教授	教授	教授	科长	处长	副教授	经理	副教授	矿长	高工
学历	博士	博士	博士	学士	博士	博士	硕士	博士	学士	硕士

表4-6 百分制打分依据

风险等级	安全评级	分值区间
低风险	优秀	[80,100]
较低风险	良好	[60,80)
较高风险	差	[40,60)
高风险	极差	[0,40)

由于各不同专家对不同要素的主观意见不同，其主观权重系数也不同，各专家打分权重系数见表4-7。

表4-7 专家权重确定比

指标	评价要素	1#	2#	3#	4#	5#	6#	7#	8#	9#	10#
排水泵能力 D_{11}	排水泵最大排水量；矿坑实际用水量	100%	100%	100%	100%	100%	100%	100%	100%	100%	100%
水泵故障 D_{12}	水泵是否正常工作	40%	40%	30%	35%	33%	40%	60%	45%	50%	40%
	最大工作能力；水泵设计能力	30%	25%	30%	25%	33%	20%	20%	15%	30%	10%
	水泵腐蚀、生锈	30%	35%	40%	40%	34%	40%	20%	40%	20%	50%
未排水管线 D_{13}	管道漏水	30%	20%	35%	20%	20%	20%	25%	12%	40%	15%
	管道连接处有裂隙	30%	30%	35%	45%	15%	30%	45%	30%	10%	30%
	管道厚度不符合要求	20%	30%	10%	20%	25%	15%	10%	30%	20%	40%
	管道腐蚀生锈	20%	20%	20%	15%	40%	35%	20%	28%	30%	15%

续表 4-7

指标	评价要素	1#	2#	3#	4#	5#	6#	7#	8#	9#	10#
排水设备供电 D_{14}	供电线路老化	40%	10%	20%	15%	35%	20%	35%	20%	15%	25%
	供电电压不稳	20%	20%	20%	35%	45%	40%	20%	20%	40%	25%
	主供电系统安全不符合要求	15%	50%	40%	35%	10%	15%	25%	25%	15%	35%
	无法供电	25%	20%	20%	15%	10%	25%	20%	35%	30%	15%

各对指标打分的最终加权结果见表 4-8。

表 4-8 10 位专家打分结果表

专家编号	1#	2#	3#	4#	5#	6#	7#	8#	9#	10#
D_{11}	61	78	77	82	74	72	86	67	85	73
D_{12}	77	67	88	54	61	73	67	79	89	75
D_{13}	88	75	57	86	74	73	85	75	71	61
D_{14}	54	72	66	71	76	57	83	68	88	76

注：其他指标计算与此一样。

按公式(4-9)处理，得到标准化矩阵。

$$S=\begin{pmatrix} 0 & 0.6800 & 0.6400 & 0.8400 & 0.5200 & 0.4400 & 1.0000 & 0.2400 & 0.9600 & 0.4800 \\ 0.6571 & 0.3714 & 0.9714 & 0 & 0.2000 & 0.5429 & 0.3714 & 0.7143 & 1.0000 & 0.6000 \\ 1.0000 & 0.5806 & 0 & 0.9355 & 0.5484 & 0.5161 & 0.9032 & 0.5806 & 0.4516 & 0.1290 \\ 0 & 0.5294 & 0.3259 & 0.5000 & 0.6471 & 0.0882 & 0.8529 & 0.4118 & 1.0000 & 0.6471 \end{pmatrix}$$

按式(4-10)、式(4-11)计算各行向量 $\boldsymbol{S}_i$ 的标准差向量 $\boldsymbol{\sigma}$，得到变异系数向量 $\boldsymbol{V}$。

$$\boldsymbol{\sigma}=(\sigma_1,\sigma_2,\sigma_3,\sigma_4)=(0.3140,0.3179,0.3276,0.3105)$$

$$\boldsymbol{V}=(V_1,V_2,V_3,V_4)=(0.5414,0.5856,0.5803,0.6174)$$

将数据导入 SPSS 软件，计算线性相关系数 r_{ij}，得到相关矩阵 $\boldsymbol{R}$。

$$\boldsymbol{R}=\begin{pmatrix} 1 & -0.156 & -0.047 & 0.782 \\ -0.156 & 1 & -0.558 & -0.016 \\ -0.047 & -0.558 & 1 & -0.130 \\ 0.782 & -0.016 & -0.130 & 1 \end{pmatrix}$$

根据式(4-12)、式(4-13)、式(4-14)计算出客观权重。

$$\boldsymbol{\omega}=(\omega_1,\omega_2,\omega_3,\omega_4)=(0.1540,0.3364,0.3074,0.2022)$$

按照此计算步骤，可得出各指标的客观权重，根据式(4-15)计算各指标综合权重，最终权重结果如表 4-9 所示。

表 4-9 非煤矿山突水安全风险预警评估指标体系各因素权重

代码	φ_i	ω_i	τ_i	代码	φ_i	ω_i	τ_i	代码	φ_i	ω_i	τ_i
A	1	1	1	D_3	0.887 8	0.494 9	0.691 4	D_{22}	0.319 6	0.336 5	0.328 1
B_1	0.099	0.091 4	0.095 2	D_4	0.112 2	0.505 1	0.308 6	D_{23}	0.122	0.177 2	0.149 6
B_2	0.206 6	0.122 3	0.164 4	D_5	0.221 1	0.352 6	0.286 8	D_{24}	0.225 5	0.256 3	0.240 9
B_3	0.429 5	0.485 2	0.457 4	D_6	0.505 1	0.199 5	0.352 3	D_{25}	0.673 8	0.721	0.697 4
B_4	0.264 9	0.301 1	0.283	D_7	0.273 8	0.447 9	0.360 9	D_{26}	0.100 7	0.022 7	0.061 7
C_1	0.609 6	0.611 3	0.610 4	D_8	0.259 8	0.625 6	0.592	D_{27}	0.627 8	0.533 6	0.580 7
C_2	0.390 4	0.388 7	0.389 6	D_9	0.319 6	0.248 1	0.283 8	D_{28}	0.372 2	0.466 4	0.419 3
C_3	0.157 1	0.233 8	0.195 5	D_{10}	0.420 6	0.126 3	0.124 2	D_{29}	0.332 6	0.366 2	0.349 4
C_4	0.593 6	0.525 1	0.559 4	D_{11}	0.094 1	0.154	0.124 1	D_{30}	0.667 4	0.633 8	0.650 6
C_5	0.249 3	0.241 1	0.245 1	D_{12}	0.315 6	0.336 4	0.326	D_{31}	0.110 3	0.220 2	0.165 3
C_6	0.333 3	0.289 9	0.311 6	D_{13}	0.427 6	0.307 4	0.367 5	D_{32}	0.157 1	0.322 6	0.239 8
C_7	0.666 7	0.710 1	0.688 4	D_{14}	0.162 7	0.202 2	0.182 4	D_{33}	0.593 6	0.152 6	0.373 1
C_8	0.274 1	0.201 3	0.237 7	D_{15}	0.300 8	0.288 5	0.294 7	D_{34}	0.139	0.304 6	0.221 8
C_9	0.104 4	0.088 5	0.096 4	D_{16}	0.219 5	0.185 6	0.202 5	D_{35}	0.375 4	0.322 6	0.349
C_{10}	0.261 6	0.231 6	0.246 6	D_{17}	0.071 2	0.152 3	0.111 7	D_{36}	0.121 3	0.263 3	0.192 3
C_{11}	0.149 8	0.278 9	0.214 4	D_{18}	0.195 2	0.085 6	0.140 4	D_{37}	0.241	0.220 8	0.230 9
C_{12}	0.210 1	0.199 7	0.204 9	D_{19}	0.151 9	0.210 3	0.181 1	D_{38}	0.262 3	0.193 3	0.227 8
D_1	0.590 8	0.715 6	0.653 2	D_{20}	0.061 4	0.077 7	0.069 6				
D_2	0.409 2	0.284 4	0.346 8	D_{21}	0.558 4	0.486 3	0.522 3				

4.3.2 指标云模型特征值计算

依据式(4-17)计算出三级指标云模型特征值(表4-10)。

表4-10 部分三级指标评价云特征值

指标代码	云模型特征值(E_{x_u} , E_{n_u} , E_{e_u})
D_{11}	(75.7,7.395,5.073)
D_{12}	(72.7,6.524,2.275)
D_{13}	(73.5,6.552,3.524)
D_{14}	(70.6,8.613,2.369)

根据前文求得各指标权重,结合式(4-18)计算出人为操作、工程设备设施、环境影响因素、管理水平四个一级指标和矿山突水综合风险的数值特征,导入MATLAB计算出平均隶属度,得出最终的风险等级(表4-11),并以云图的形式可视化展现出来(图4-6)。

表4-11 综合评价云参数

指标代码	加权数值特征值(E_{x_n} , E_{n_n} , E_{e_n})	平均隶属度($\bar{\mu_1}$, $\bar{\mu_2}$, $\bar{\mu_3}$, $\bar{\mu_4}$)	最大隶属度	风险等级
A	(88.62,7.362,2.334)	(5.003×10^{-6},2.322×10^{-4},0.003 452,0.876 2)	0.876 2	低风险
B_1	(80.52,5.342,3.125)	(8.632×10^{-5},0.008 652,0.575 6,0.235 8)	0.575 6	较低风险
B_2	(91.14,6.322,2.142)	(4.553×10^{-6},4.333×10^{-4},0.003 452,0.931 8)	0.931 8	低风险
B_3	(87.93,7.854,1.036)	(3.803×10^{-6},7.235×10^{-4},0.003 452,0.889 7)	0.889 7	低风险
B_4	(92.55,6.746,2.256)	(7.036×10^{-6},6.011×10^{-4},0.003 452,0.953 3)	0.953 3	低风险

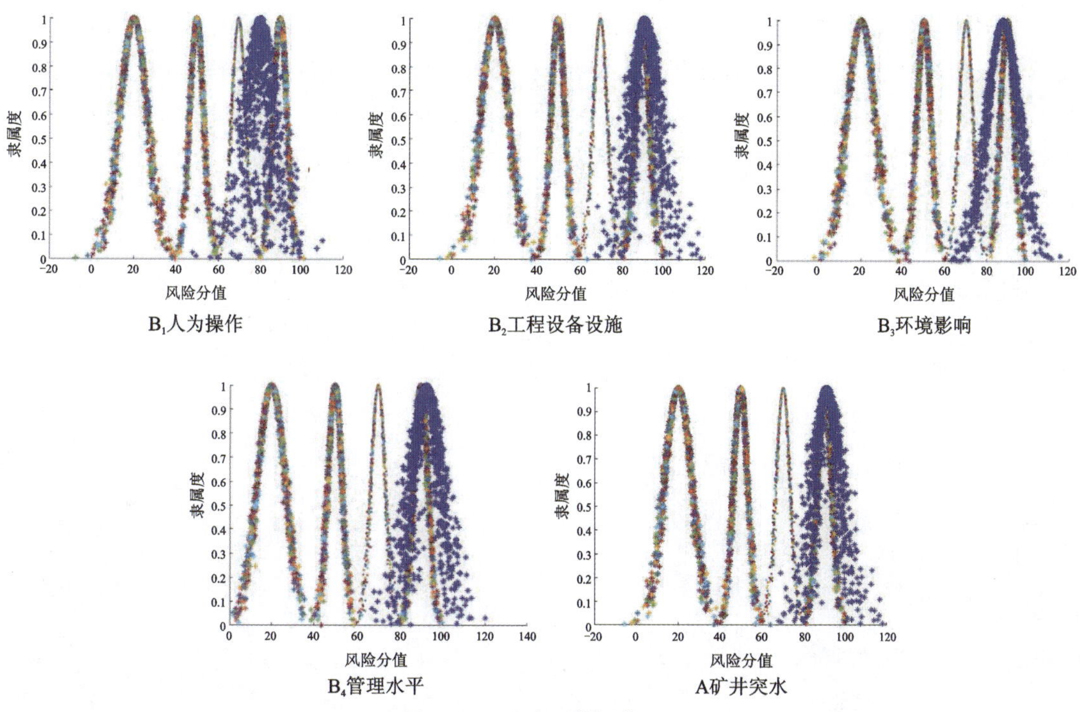

图 4-6 风险预警评估云图

4.3.3 结果分析与对比验证

通过专家对三级指标现场打分，得到表 4-12 所示的打分结果。

表 4-12 专家现场打分结果

代码	均值	代码	均值	代码	均值	代码	均值
D_1	72.2	D_{11}	92.3	D_{21}	93.2	D_{31}	84.2
D_2	86.2	D_{12}	88.4	D_{22}	95.6	D_{32}	87.5
D_3	71.0	D_{13}	79.5	D_{23}	75.8	D_{33}	78.2
D_4	71.5	D_{14}	83.4	D_{24}	94.2	D_{34}	94.1
D_5	81.3	D_{15}	95.0	D_{25}	85.6	D_{35}	83.0
D_6	81.5	D_{16}	85.2	D_{26}	89.2	D_{36}	91.1
D_7	80.0	D_{17}	89.3	D_{27}	83.5	D_{37}	88.2
D_8	74.5	D_{18}	88.5	D_{28}	89.5	D_{38}	94.1
D_9	81.1	D_{19}	84.1	D_{29}	89.2		
D_{10}	76.2	D_{20}	82.2	D_{30}	86.5		

根据表 4－9 的权重结果，用三级指标($D_1 \sim D_{38}$)的打分值分别乘以各自综合权重 τ_i ，得到二级指标($C_1 \sim C_{12}$)的打分结果；用二级指标的打分结果乘以各自综合权重得到一级指标($B_1 \sim B_4$)的打分结果；用一级指标的打分结果乘以各自综合权重得到最终矿井突水(A)的打分结果。依据各指标的打分结果参照表 4－6 的风险等级划分得到该指标的风险等级(表 4－13)。

计算过程以 B_1 为例：

权重集

$$M_1 = (0.4755\ 0.2653\ 0.2592)$$

$$C_1 = (0.2031\ 0.2983\ 0.0913\ 0.0975\ 0.3098)$$

$$C_2 = (0.1241\ 0.3260\ 0.3675\ 0.1824)$$

$$C_3 = (0.1500\ 0.1091\ 0.5351\ 0.2058)$$

打分集

$$J_1 = \begin{pmatrix} 72.2 \\ 86.2 \\ 71.0 \\ 71.5 \\ 81.3 \end{pmatrix};\ J_2 = \begin{pmatrix} 81.5 \\ 80.0 \\ 74.5 \\ 81.1 \end{pmatrix};\ J_3 = \begin{pmatrix} 76.2 \\ 92.3 \\ 88.4 \\ 79.5 \end{pmatrix}$$

打分值

$$B_1 = M_1 \cdot \begin{pmatrix} C_1 \cdot J_1 \\ C_2 \cdot J_2 \\ C_3 \cdot J_3 \end{pmatrix} = 80.4377$$

表 4－13　专家打分法评价结果

指标代码	打分值	风险等级
A	88.102 4	低风险
B_1	80.437 7	低风险
B_2	88.219 7	低风险
B_3	88.813 2	低风险
B_4	89.478 1	低风险

模型评估结果显示，湖北某金属矿山的水患安全风险预警评估结果(A)为低风险，其中人为操作风险(B_1)等级为较低风险，工程设备设施风险(B_2)等级为低风险、环境因素风险(B_3)等级为低风险，管理水平安全风(B_4)等级为低风险，根据云图可以看出各综合云图与标准云的“重叠程度”，综合云的正态分布函数与哪个评价区间的标准正态分布函数“重叠程度”越高，即隶属度越高，则说明该指标的风险等级即为该评价区间对应的风险等级。评价因素 B_1 的综合云图在较低风险和低风险之间，难从云图直观判断，因此需要借助的隶属度函数计算，判断人为操作的风险等级为较低风险。

通过专家现场打分法的结果与模型结果对比显示，专家打分结果均为低风险。其中

“B_1人为操作”的评价结果与模型评价结果不一致。可以看出B_1的期望值在80～90之间，说明专家打分结果均值偏向低风险。这是专家打分法的主观性导致的，没有对每个数据进行深入挖掘。对于这种情况，通过传统的专家打分主观判断已经不能确定准确的风险等级，而模型评价法则可以利用计算机语言对数据进行多次抽样模拟，得出如图4-6所示的云图，再根据隶属度函数的多次计算取均值，更准确地判断指标的风险是落在哪个区间。这也说明了模型评价法的准确性。

4.4 水患预警

本研究可结合利用电力载波通信技术、自动控制、传感技术，实现矿井水文动态的实时采集监测和灾害的预测预警，实时诊断矿井涌水情况，并上报应急调度中心，在有突发水灾情况下实现预警预报，结合灾害预警机制设立不同程度的报警信息，调度指挥中心结合响应的报警信息，及时发出撤离指令，引导避险人员及时撤离或进入避灾硐室等待救援。为遇险人员赢得宝贵的逃生时间，最大限度地减少人员和财产的损失，有效解决当前国内普遍存在的矿山突水灾害问题。

4.5 本章小结

(1)从安全科学和综合论的角度，从人为操作、工程设备设施、管理水平以及环境影响因素四个方面构建一级指标，再结合我国关于非煤矿山突水管理相关法律法规和矿山实际情况，对矿山突水事故的致因分析，研究其影响因素，建立非煤矿山突水安全风险预警评估体系，所建体系较传统更全面、更科学。

(2)使用AHP-CRITIC组合赋权的方式对指标进行权重计算，既平衡了评价指标主客观权重，又利用了云模型在定性与定量指标相互转化以及云图表征出评价结果模糊程度与随机程度方面的优势。

(3)利用云模型进行评价，引入实例计算，结果表明基于AHP-CRITIC云模型评价法的非煤矿山突水安全风险评估模型具有科学性、准确性和实用性，完善了传统评价方法存在的不全面性和主观性等问题，提高了对非煤矿山突水安全风险评估结果的精确性。

第 5 章　金属非金属矿山突水安全风险预警评估系统研究与开发

近年来矿井水害一直是困扰湖北省各矿区的难点，随着开采深度、开采范围的逐渐增加，传统的水文监测手段已不能满足矿区目前的安全生产现状。地下水监测手段落后，监测参数单一、信息传输不及时、信息无法共享等原因使得水文地质工作较为被动，安全隐患不能及时发现和预防。依据第 4 章对于矿山突水安全风险预警评估模型的建立，开发金属非金属矿山突水安全风险预警评估系统。

5.1　需求分析

该系统主要内容为金属非金属矿山突水安全风险预警评估。主要包括基本信息输入、权重值输入和结果评估三个功能。

5.1.1　用户

该评估系统的用户主要面向带有金属非金属矿山的相关企业、政府部门以及对金属非金属矿山突水安全系统进行风险评估相关研究的科研人员。

5.1.2　主要功能

该系统的主要功能主要包括以下两个方面。

(1)针对用户输入的相关企业具体情况，结合相应权重值，计算出金属非金属矿山突水安全风险预警评估系统的动态风险值，根据风险值对本单位总体情况进行评估，并给出整改建议。

(2)针对所输入的具体情况以及上述本单位总体情况，针对每一项输入指标的风险性进行评估，为具体整改、降低金属非金属矿山突水安全风险发生事故概率提供帮助。

5.1.3　基本流程

金属非金属矿山突水安全风险预警评估基本流程如图 5-1 所示。

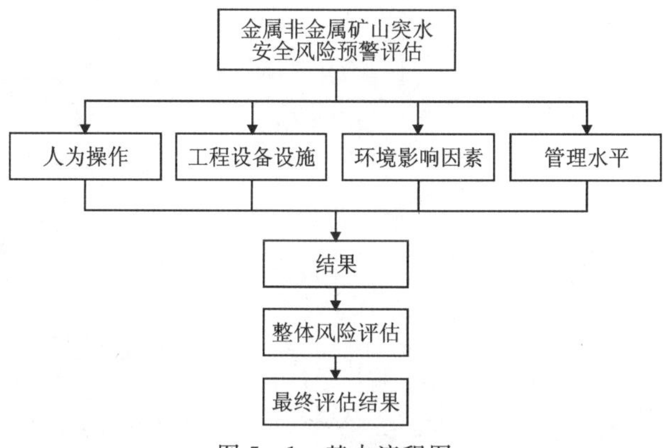

图5-1　基本流程图

5.1.4　开发环境

金属非金属矿山突水安全风险预警评估系统所需开发环境如表5-1所示

表5-1　开发环境

开发语言	Python3.10(x64)
开发系统	Windows11 家庭版 64 位
开发设备	设备名称 LAPTOP-7THK5T9L 处理器 11th Gen Intel(R) Core(TM) i5-1135G7@2.40GHz　2.42GHz 机带 RAM 16.0 GB(15.8GB 可用) 设备 ID 0A08E2B3-F9CC-407C-9738-1150F2AD07D4 产品 ID 00342-35958-96929-AAOEM 系统类型 64 位操作系统，基于 x64 的处理器 笔和触控 为 10 触摸点提供触控支持

5.2　模块设计

金属非金属矿山突水安全风险预警评估系统通过细化每个系统功能，画出系统功能图，如图5-2～图5-7所示。

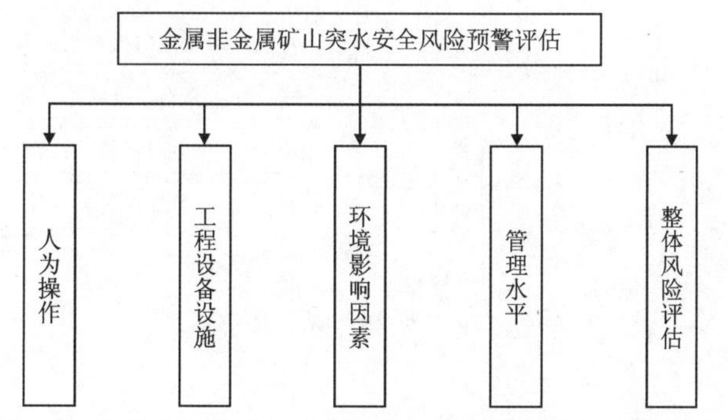

图5-2　金属非金属矿山突水安全风险预警评估体系系统功能

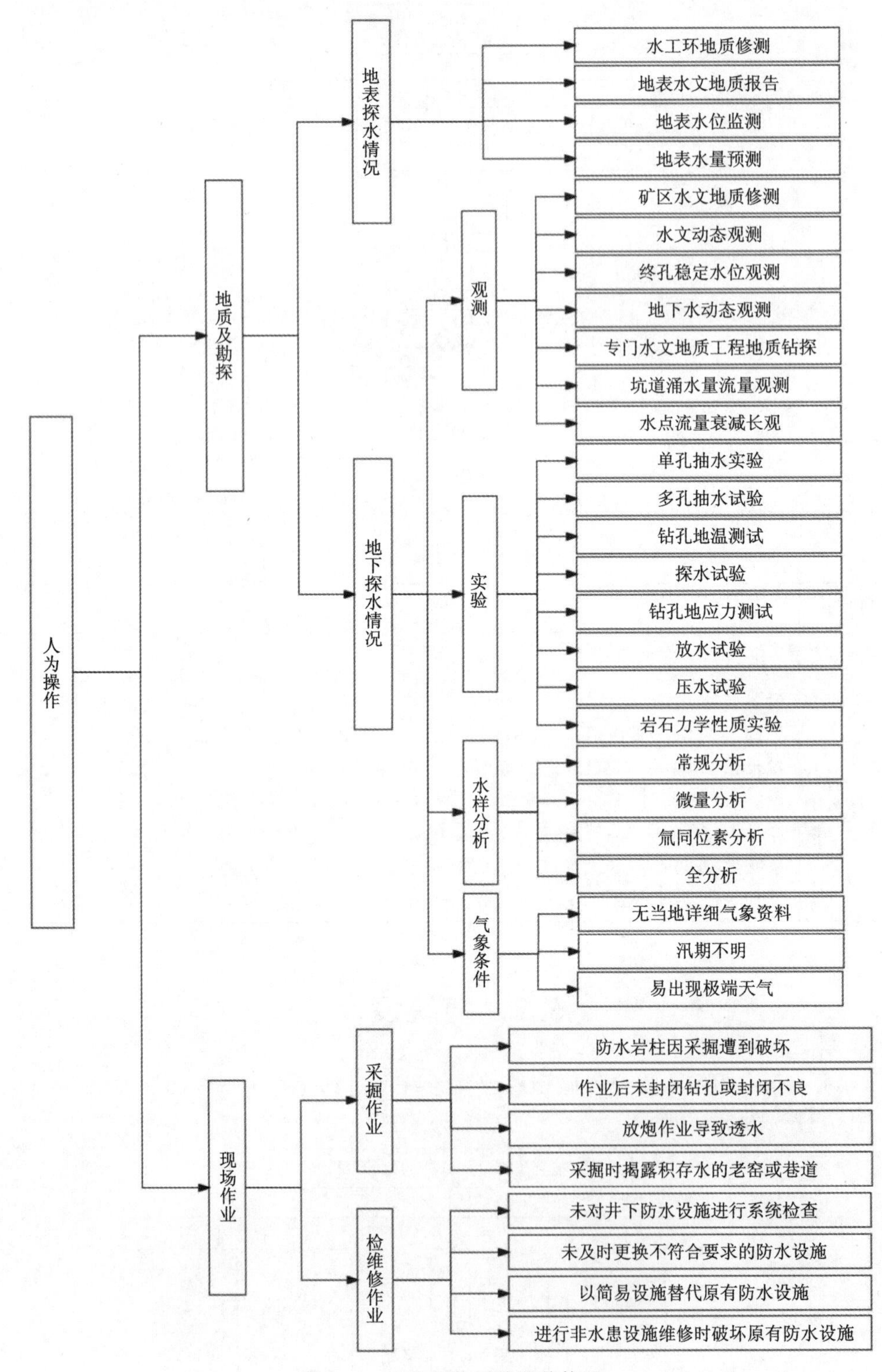

图 5-3　人为操作风险评估体系

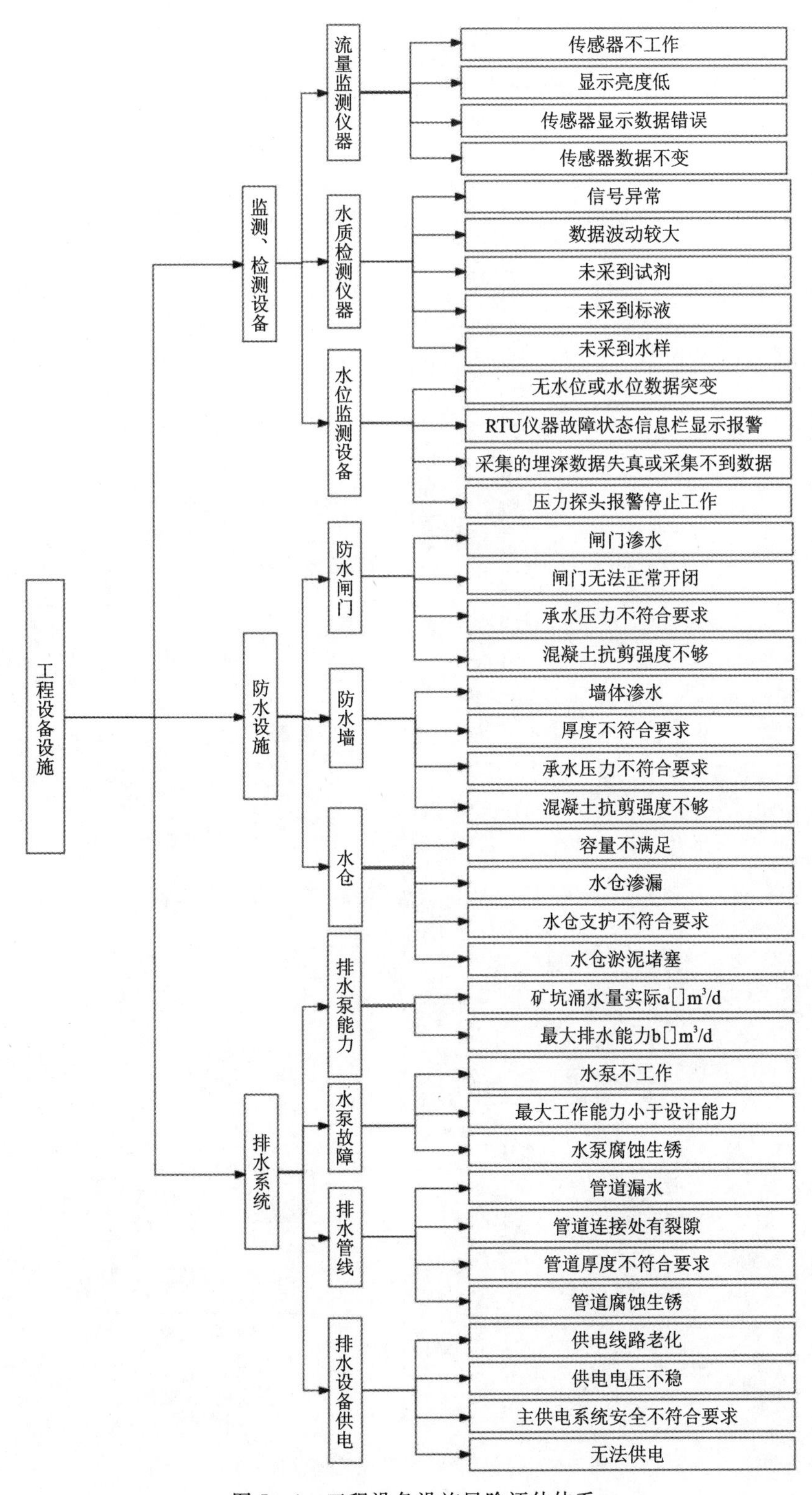

图 5-4　工程设备设施风险评估体系

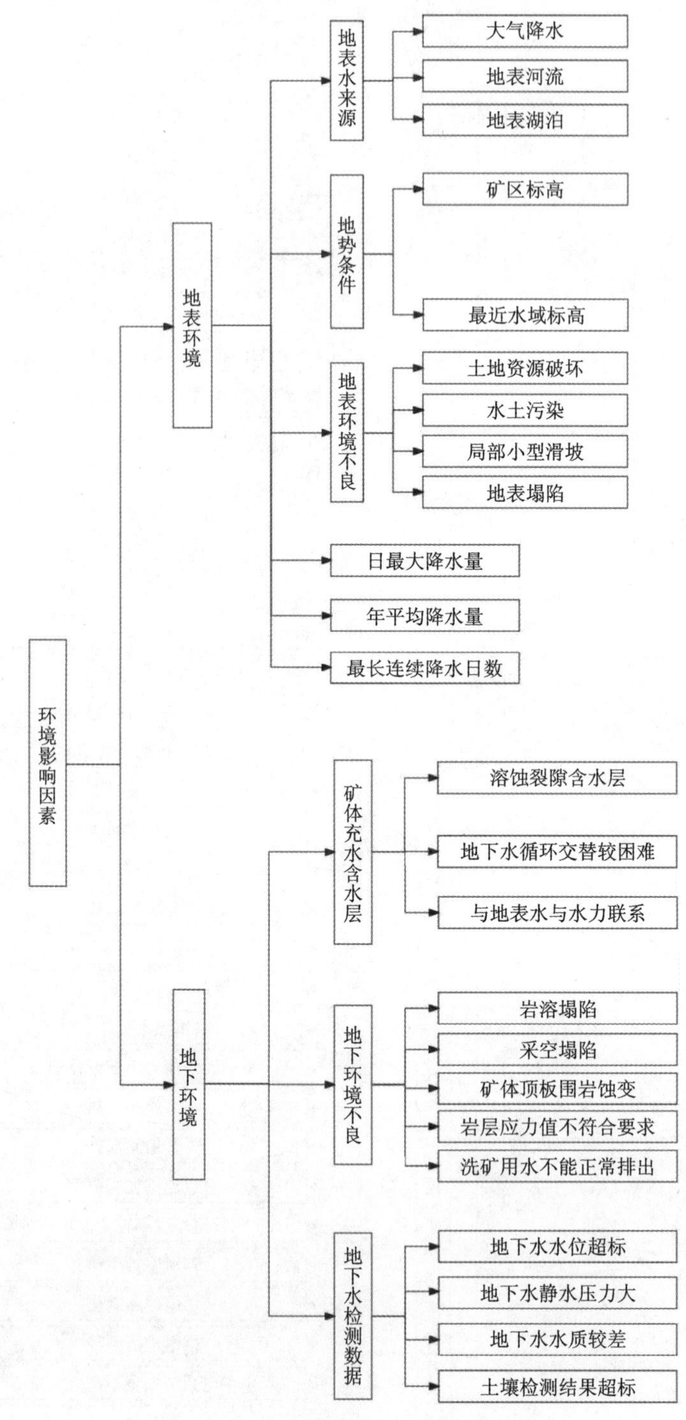

图 5-5　环境影响因素风险评估体系

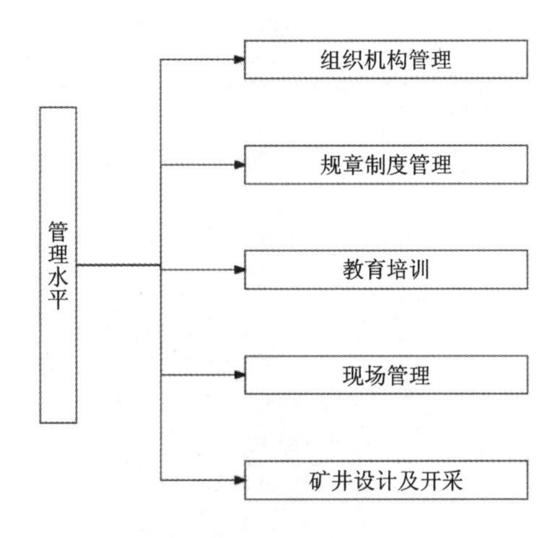
管理水平
组织机构管理
规章制度管理
教育培训
现场管理
矿井设计及开采

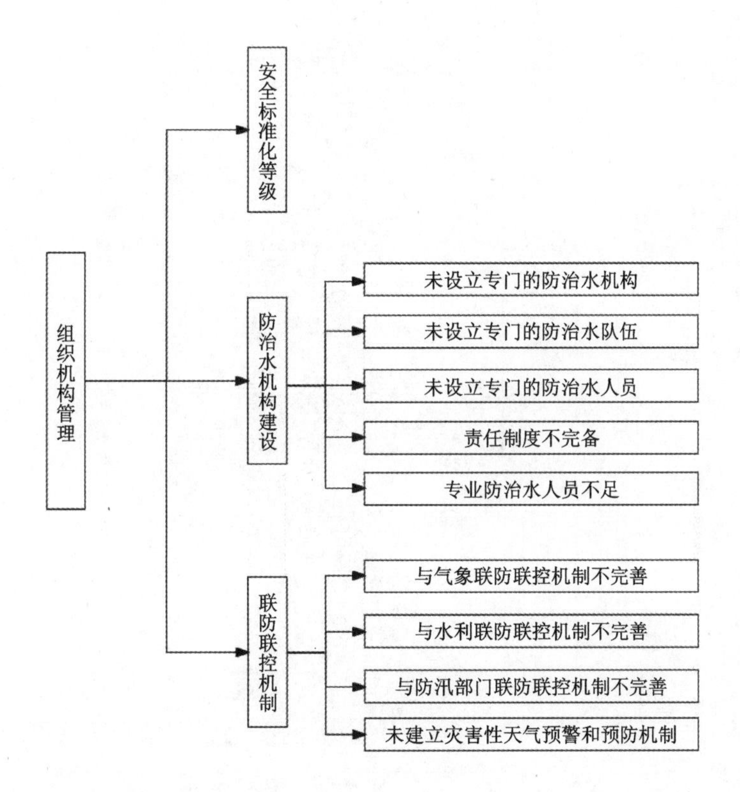
组织机构管理
安全标准化等级
防治水机构建设
未设立专门的防治水机构
未设立专门的防治水队伍
未设立专门的防治水人员
责任制度不完备
专业防治水人员不足
联防联控机制
与气象联防联控机制不完善
与水利联防联控机制不完善
与防汛部门联防联控机制不完善
未建立灾害性天气预警和预防机制

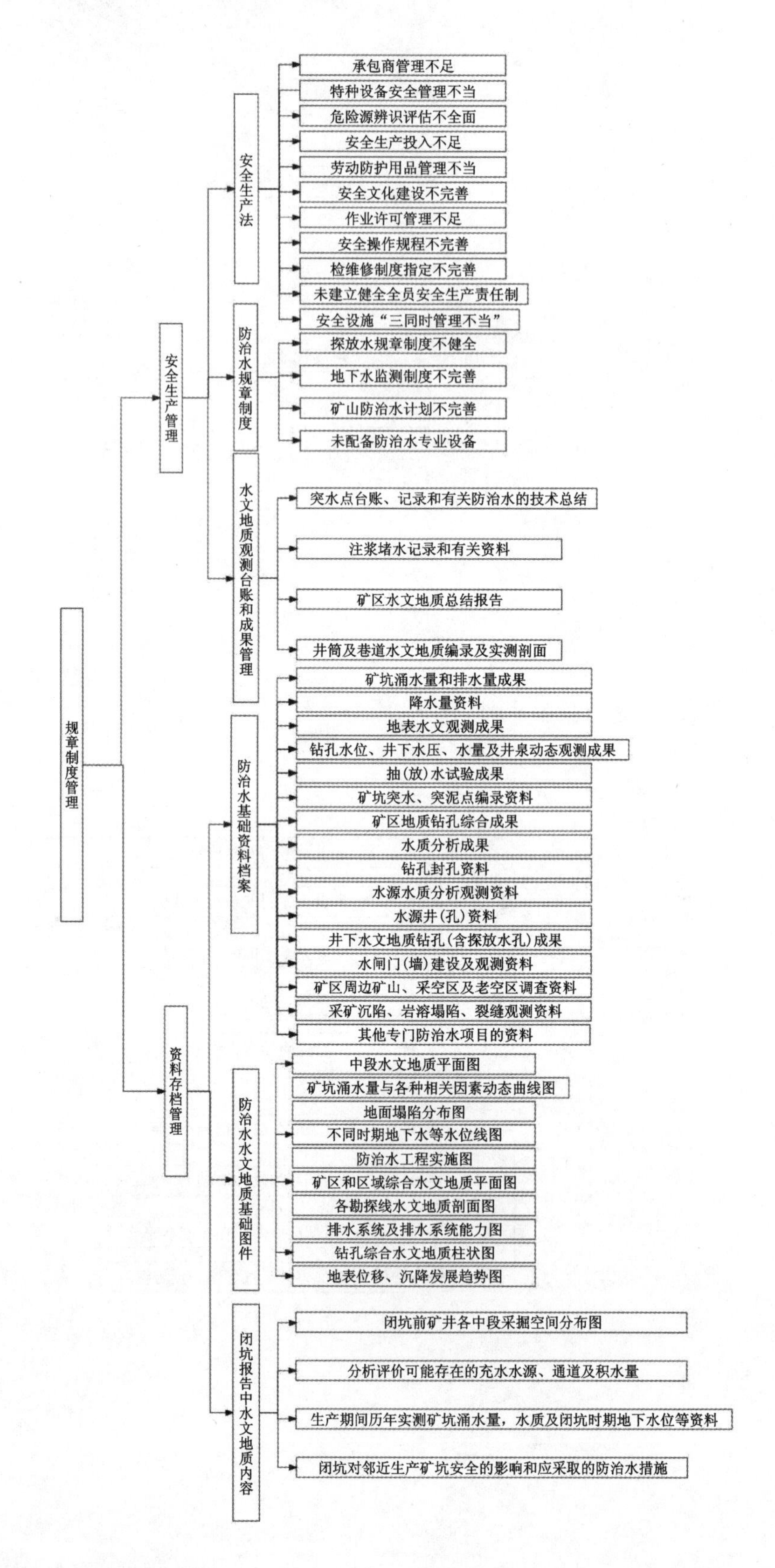
规章制度管理
安全生产管理
安全生产法
承包商管理不足
特种设备安全管理不当
危险源辨识评估不全面
安全生产投入不足
劳动防护用品管理不当
安全文化建设不完善
作业许可管理不足
安全操作规程不完善
检维修制度指定不完善
未建立健全全员安全生产责任制
安全设施“三同时管理不当”
防治水规章制度
探放水规章制度不健全
地下水监测制度不完善
矿山防治水计划不完善
未配备防治水专业设备
水文地质观测台账和成果管理
突水点台账、记录和有关防治水的技术总结
注浆堵水记录和有关资料
矿区水文地质总结报告
井筒及巷道水文地质编录及实测剖面
资料存档管理
防治水基础资料档案
矿坑涌水量和排水量成果
降水量资料
地表水文观测成果
钻孔水位、井下水压、水量及井泉动态观测成果
抽(放)水试验成果
矿坑突水、突泥点编录资料
矿区地质钻孔综合成果
水质分析成果
钻孔封孔资料
水源水质分析观测资料
水源井(孔)资料
井下水文地质钻孔(含探放水孔)成果
水闸门(墙)建设及观测资料
矿区周边矿山、采空区及老空区调查资料
采矿沉陷、岩溶塌陷、裂缝观测资料
其他专门防治水项目的资料
防治水水文地质基础图件
中段水文地质平面图
矿坑涌水量与各种相关因素动态曲线图
地面塌陷分布图
不同时期地下水等水位线图
防治水工程实施图
矿区和区域综合水文地质平面图
各勘探线水文地质剖面图
排水系统及排水系统能力图
钻孔综合水文地质柱状图
地表位移、沉降发展趋势图
闭坑报告中水文地质内容
闭坑前矿井各中段采掘空间分布图
分析评价可能存在的充水水源、通道及积水量
生产期间历年实测矿坑涌水量，水质及闭坑时期地下水位等资料
闭坑对邻近生产矿坑安全的影响和应采取的防治水措施

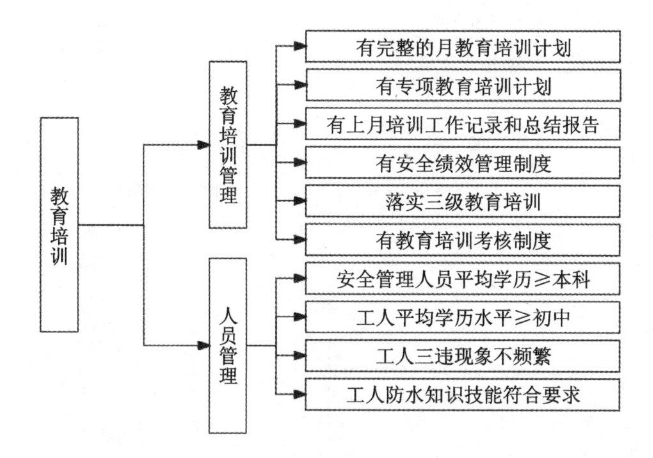

教育培训
教育培训管理
有完整的月教育培训计划
有专项教育培训计划
有上月培训工作记录和总结报告
有安全绩效管理制度
落实三级教育培训
有教育培训考核制度
人员管理
安全管理人员平均学历≥本科
工人平均学历水平≥初中
工人三违现象不频繁
工人防水知识技能符合要求

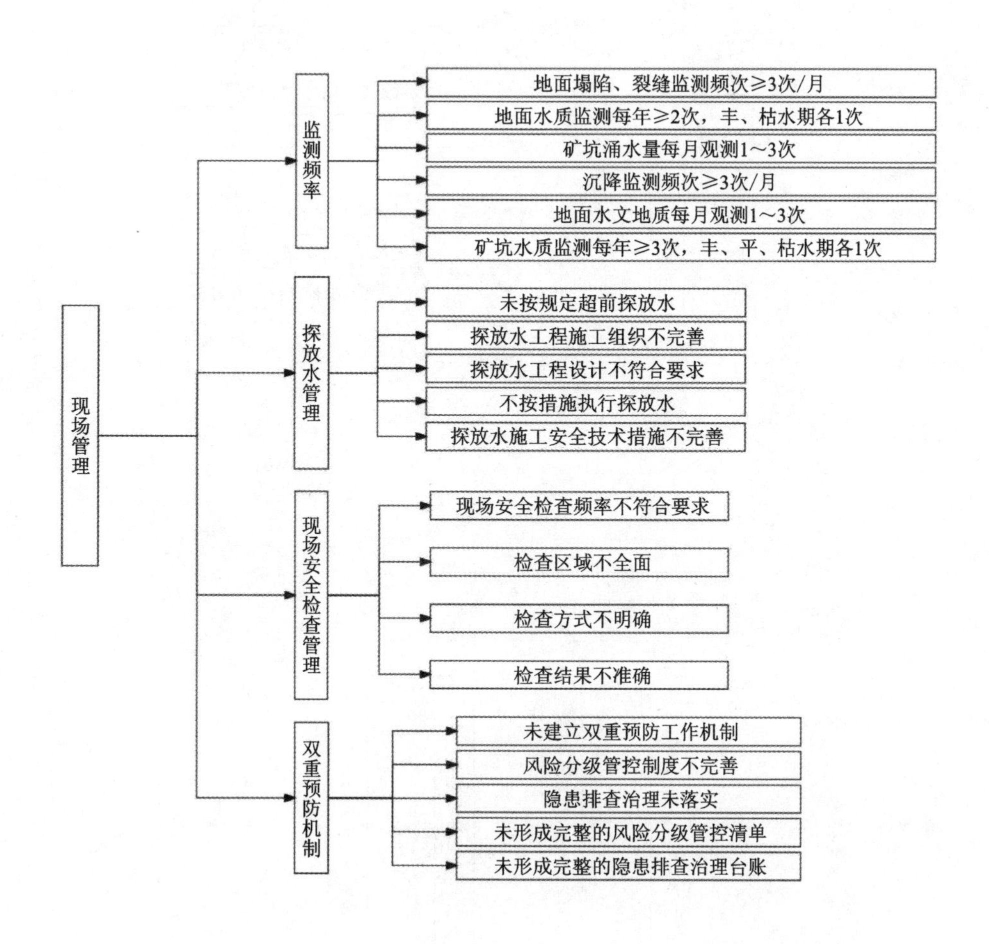

现场管理
监测频率
地面塌陷、裂缝监测频次≥3次/月
地面水质监测每年≥2次，丰、枯水期各1次
矿坑涌水量每月观测1～3次
沉降监测频次≥3次/月
地面水文地质每月观测1～3次
矿坑水质监测每年≥3次，丰、平、枯水期各1次
探放水管理
未按规定超前探放水
探放水工程施工组织不完善
探放水工程设计不符合要求
不按措施执行探放水
探放水施工安全技术措施不完善
现场安全检查管理
现场安全检查频率不符合要求
检查区域不全面
检查方式不明确
检查结果不准确
双重预防机制
未建立双重预防工作机制
风险分级管控制度不完善
隐患排查治理未落实
未形成完整的风险分级管控清单
未形成完整的隐患排查治理台账

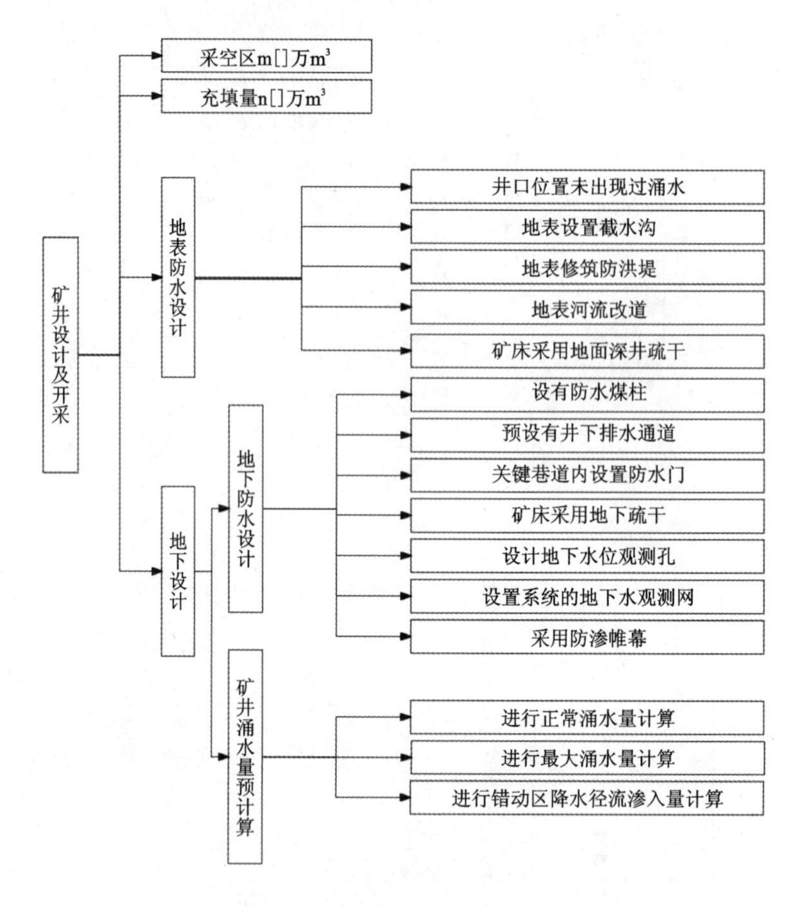

图 5－6　管理水平风险评估体系

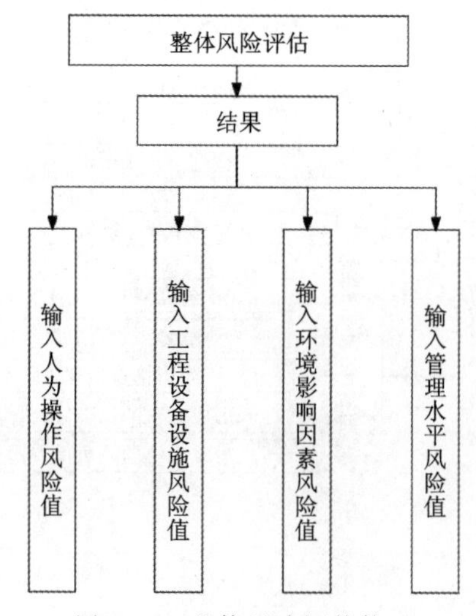

图 5－7　整体风险评估体系

5.3 开发过程

5.3.1 相关权重的确定

本评估系统的指标划分和指标权重运算均采用 AHP－CRITIC 法进行确定，其中一级指标(B_1—B_4)、二级指标(C_1—C_{12})权重于系统内置，具体计算过程第 4 章已介绍，此处不再赘述。

5.3.2 评估系统

该系统内容包括三个部分：评估主系统选择界面、数据输入界面和计算结果实现。

1. 评估主系统选择界面

该程序包括五个部分：人为操作风险、工程设备设施风险、管理水平风险、环境影响因素风险、整体风险评估。评估主系统选择界面如图 5－8 所示。

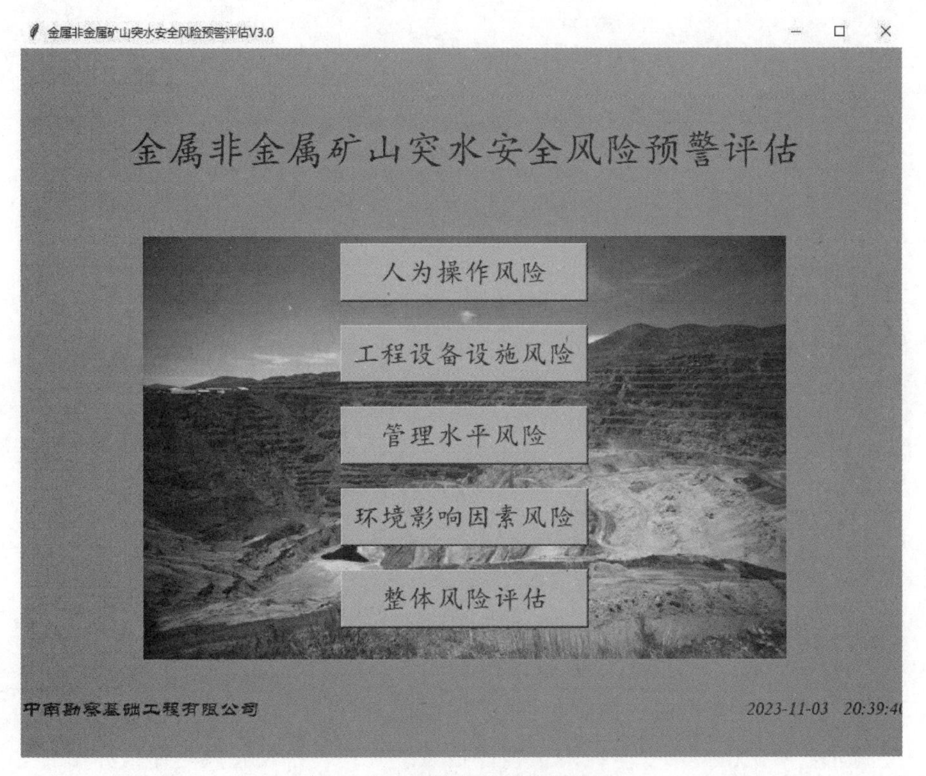

图 5－8　评估主系统选择界面

选择不同的按钮进入子系统，可对本行业的人为操作风险、工程设备设施风险、管理水平风险、环境影响因素风险进行评估，用户只需要点击相关按钮，输入相关数值，后台就能计算结果、给出对应解决措施。

2. 数据输入界面

数据输入主要是将企业实际情况值以及权重输入进评估系统当中，从而为计算企业实际情况和提出整改意见做必要准备。

在输入时要注意本指标的单位，务必保证输入值的单位同本系统提示单位相同。若在进行评价前，对该评价目标有一套评价权重，需要自行输入给指标的权重值，如 0.75。需要保证输入后所有权重加和(包括后续标签页指标)等于 1。

(1)金属非金属矿山突水安全风险预警评估系统人为操作风险评估界面。

图 5－9 中需要用户点击的内容包括：地表探水情况，地下探水情况中的观测、实验、水样分析、气象条件。

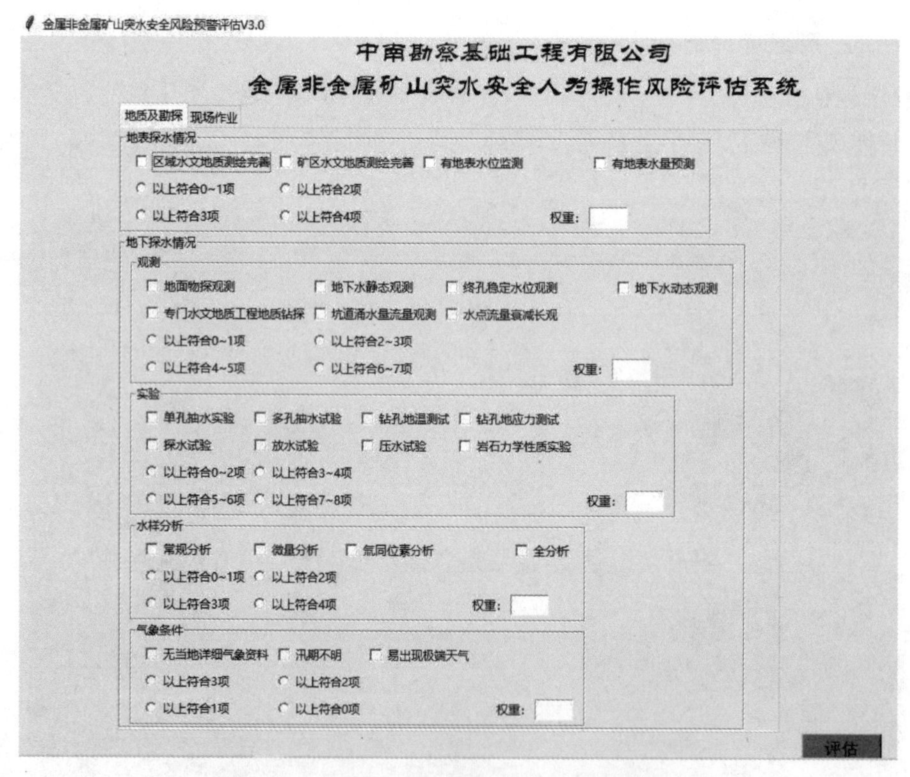

图 5－9　人为操作风险评估系统地质及勘探界面

图 5－10 中需要用户点击的内容包括：采掘作业、检维修作业。

(2)金属非金属矿山突水安全风险预警评估系统工程设备设施风险评估界面。

图 5－11 中需要用户点击的内容包括：流量监测仪器、水质检测仪器、水位监测设备。

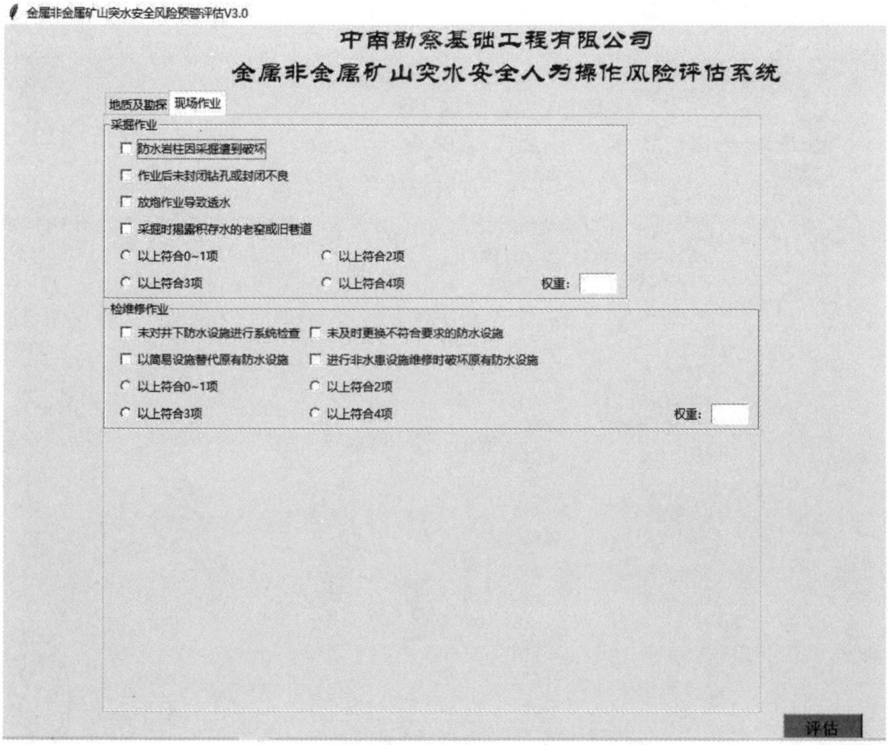

金属非金属矿山突水安全风险预警评估V3.0

中南勘察基础工程有限公司

金属非金属矿山突水安全人为操作风险评估系统

地质及勘探　现场作业

采掘作业

□ 防水岩柱因采掘遭到破坏

□ 作业后未封闭钻孔或封闭不良

□ 放炮作业导致透水

□ 采掘时揭露积存水的老窑或旧巷道

○ 以上符合0~1项　○ 以上符合2项

○ 以上符合3项　○ 以上符合4项　权重:

检维修作业

□ 未对井下防水设施进行系统检查　□ 未及时更换不符合要求的防水设施

□ 以简易设施替代原有防水设施　□ 进行非水患设施维修时破坏原有防水设施

○ 以上符合0~1项　○ 以上符合2项

○ 以上符合3项　○ 以上符合4项　权重:

评估

图 5-10　人为操作风险评估系统现场作业界面

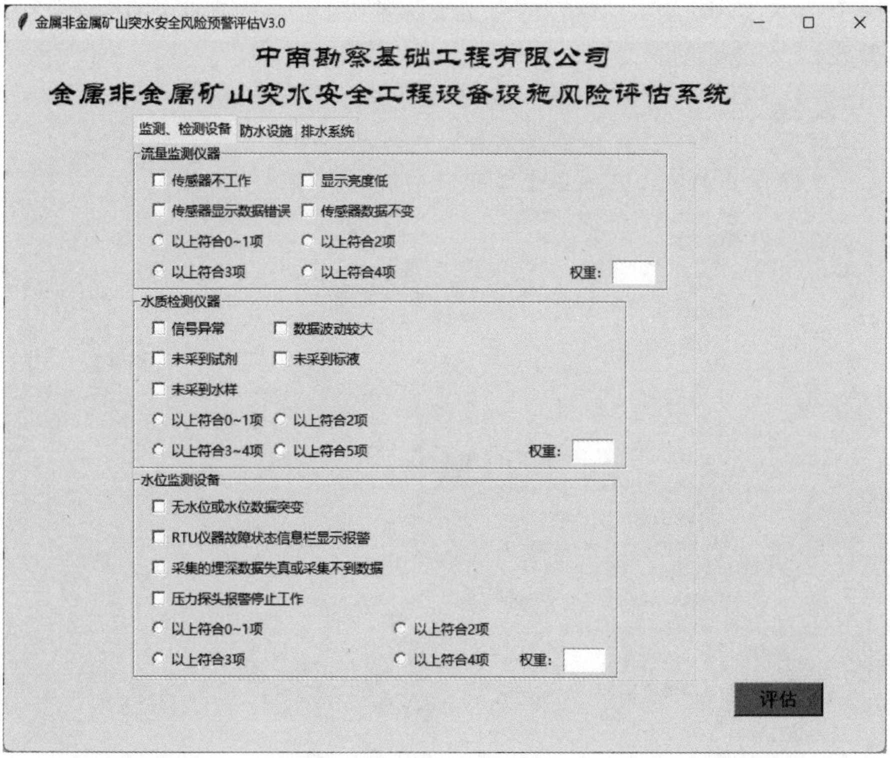

金属非金属矿山突水安全风险预警评估V3.0

中南勘察基础工程有限公司

金属非金属矿山突水安全工程设备设施风险评估系统

监测、检测设备　防水设施　排水系统

流量监测仪器

□ 传感器不工作　□ 显示亮度低

□ 传感器显示数据错误　□ 传感器数据不变

○ 以上符合0~1项　○ 以上符合2项

○ 以上符合3项　○ 以上符合4项　权重:

水质检测仪器

□ 信号异常　□ 数据波动较大

□ 未采到试剂　□ 未采到标液

□ 未采到水样

○ 以上符合0~1项　○ 以上符合2项

○ 以上符合3~4项　○ 以上符合5项　权重:

水位监测设备

□ 无水位或水位数据突变

□ RTU仪器故障状态信息栏显示报警

□ 采集的埋深数据失真或采集不到数据

□ 压力探头报警停止工作

○ 以上符合0~1项　○ 以上符合2项

○ 以上符合3项　○ 以上符合4项　权重:

评估

图 5-11　工程设备设施风险评估系统监测、检测设备界面

图 5－12 中需要用户点击的内容包括：防水闸门、防水墙、水仓。

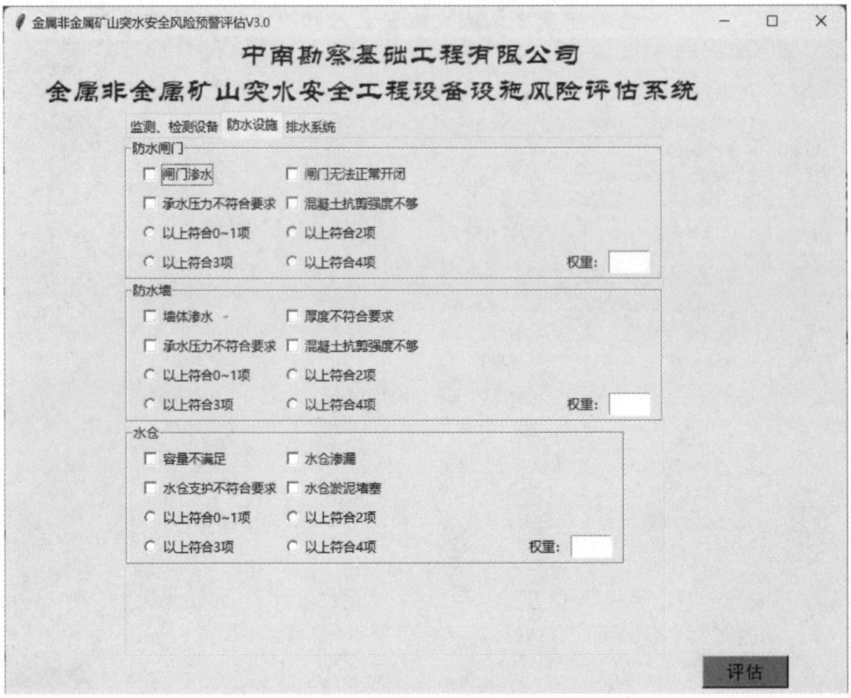

金属非金属矿山突水安全风险预警评估V3.0
中南勘察基础工程有限公司
金属非金属矿山突水安全工程设备设施风险评估系统
监测、检测设备
防水设施
排水系统
防水闸门
闸门渗水
闸门无法正常开闭
承水压力不符合要求
混凝土抗剪强度不够
以上符合0~1项
以上符合2项
以上符合3项
以上符合4项
权重:
防水墙
墙体渗水
厚度不符合要求
承水压力不符合要求
混凝土抗剪强度不够
以上符合0~1项
以上符合2项
以上符合3项
以上符合4项
权重:
水仓
容量不满足
水仓渗漏
水仓支护不符合要求
水仓淤泥堵塞
以上符合0~1项
以上符合2项
以上符合3项
以上符合4项
权重:
评估

图 5－12　工程设备设施风险评估系统防水设施界面

图 5－13 中需要用户输入的内容包括：排水泵能力。需要用户点击的内容包括：水泵故障、排水管线、排水设备供电。

金属非金属矿山突水安全风险预警评估V3.0
中南勘察基础工程有限公司
金属非金属矿山突水安全工程设备设施风险评估系统
监测、检测设备
防水设施
排水系统
排水泵能力
矿坑涌水量实际(m^3/d)
最大排水能力为(m^3/d)
水泵故障
水泵不工作
最大工作能力小于设计能力
水泵腐蚀生锈
以上符合0项
以上符合1项
以上符合2项
以上符合3项
权重:
排水管线
管道漏水
管道连接处有裂隙
管道厚度不符合要求
管道腐蚀生锈
以上符合0~1项
以上符合2项
以上符合3项
以上符合4项
权重:
排水设备供电
供电线路老化
供电电压不稳
主供电系统安全不符合要求
无法供电
以上符合0~1项
以上符合2项
以上符合3项
以上符合4项
权重:
评估

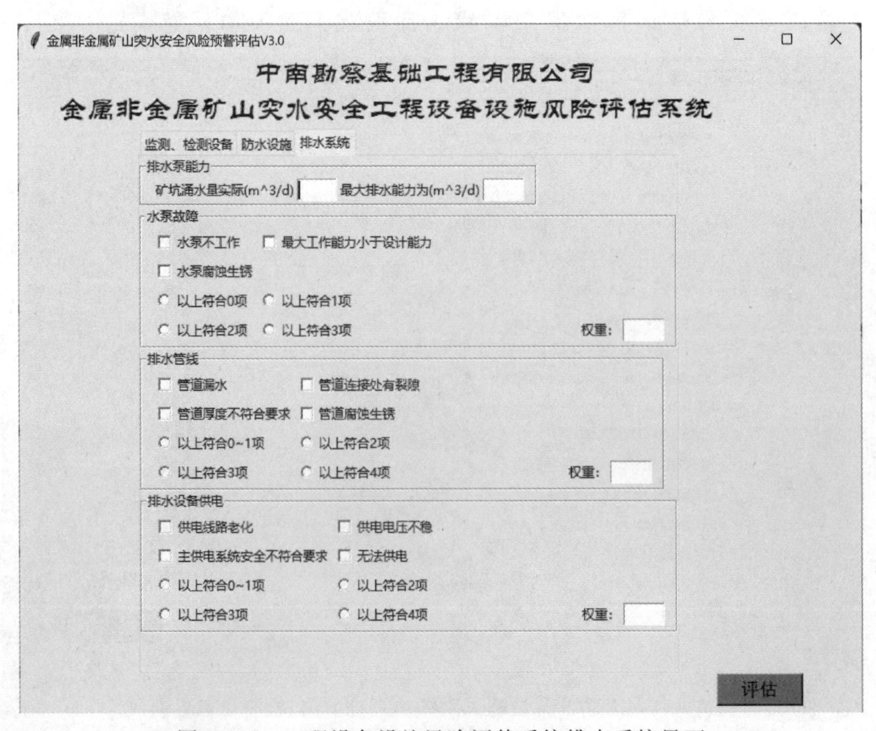

图 5－13　工程设备设施风险评估系统排水系统界面

(3)金属非金属矿山突水安全风险预警评估系统管理水平风险评估界面。

图 5－14 中需要用户输入的内容包括:安全标准化等级。需要用户点击的内容包括:防治水机构建设、联防联控机制。

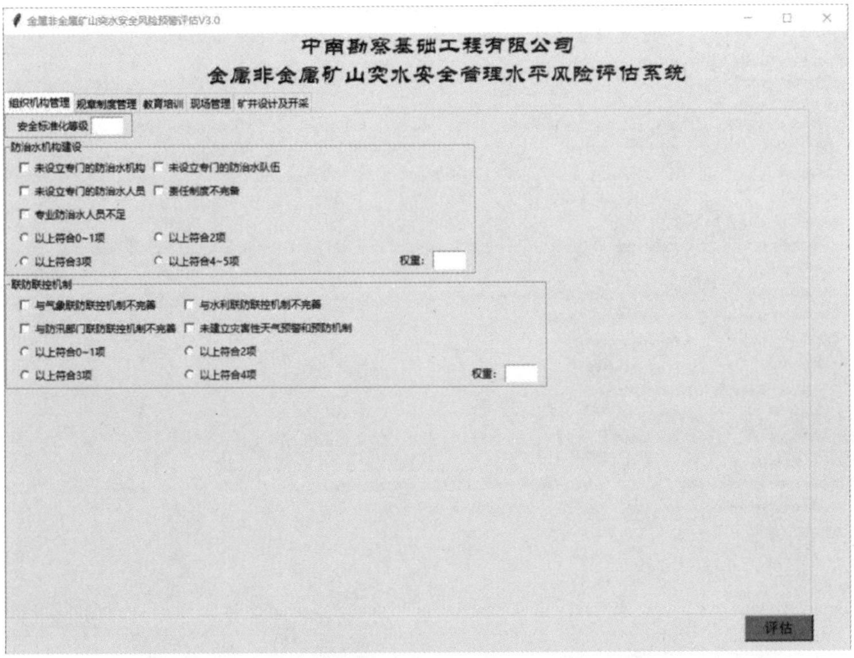

图 5－14　管理水平风险评估系统组织机构管理界面

图 5－15 中需要用户点击的内容包括:安全生产法、防治水规章制度、水文地质观测台账和成果管理。

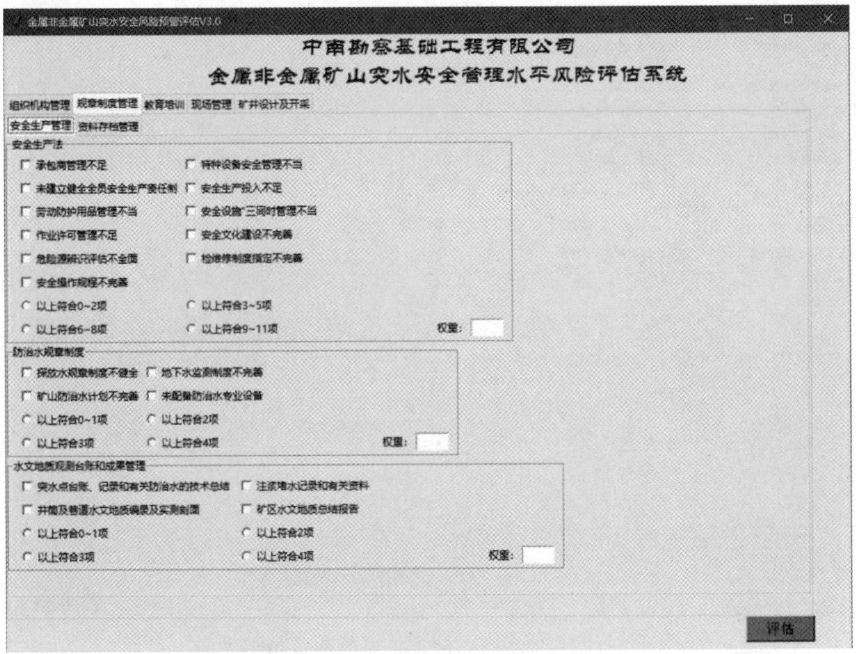

图 5－15　管理水平风险评估系统规章制度管理安全生产管理界面

图 5-16 中需要用户点击的内容包括：防治水基础资料档案、防治水水文地质基础图件、闭坑报告中水文地质内容。

金属非金属矿山突水安全风险预警评估V3.0

中南勘察基础工程有限公司

金属非金属矿山突水安全管理水平风险评估系统

组织机构管理 规章制度管理 教育培训 现场管理 矿井设计及开采

安全生产管理 资料存档管理

防治水基础资料档案

- 矿坑涌水量和排水量成果
- 矿区周边矿山、采空区及老空区调查资料
- 地表水文观测成果
- 钻孔水位、井下水压、水量及井泉动态观测成果
- 抽(放)水试验成果
- 矿坑突水、突泥点编录资料
- 矿区地质钻孔综合成果
- 井下水文地质钻孔（含探放水孔）成果
- 水质分析成果
- 水源水质分析观测资料
- 水源井(孔)资料
- 水闸门(墙)建设及观测资料
- 降雨量资料
- 采矿沉陷、岩溶塌陷、裂缝观测资料
- 钻孔封孔资料
- 地表位移、沉降、泥石流观测资料
- 其他专门防治水项目的资料

以上符合0~6项　以上符合7~9项　以上符合10~13项　以上符合14~17项　权重：

防治水水文地质基础图件

- 中段水文地质平面图
- 矿坑涌水量与各种相关因素动态曲线图
- 不同时期地下水等水位线图
- 矿区和区域综合水文地质平面图
- 钻孔综合水文地质柱状图
- 各勘探线水文地质剖面图
- 地面塌陷分布图
- 地表位移、沉降发展趋势图
- 排水系统及排水系统能力图
- 防治水工程实施图

以上符合0~3项　以上符合4~5项　以上符合6~7项　以上符合8~10项　权重：

闭坑报告中水文地质内容

- 闭坑前矿井各中段采掘空间分布图
- 生产期间历年实测矿坑涌水量，水质及闭坑时期地下水位等资料
- 分析评价可能存在的充水水源、通道及积水量
- 闭坑对邻近生产矿坑安全的影响和应采取的防治水措施

以上符合0~1项　以上符合2项　以上符合3项　以上符合4项　权重：

评估

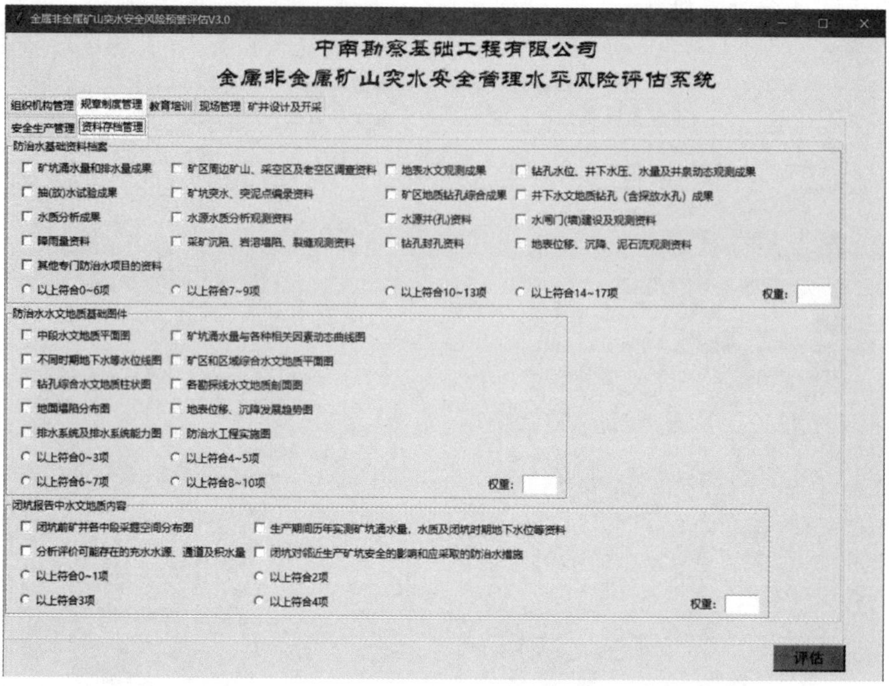

图 5-16　管理水平风险评估系统规章制度管理资料存档管理界面

图 5-17 中需要用户点击的内容包括：教育培训管理、人员管理。

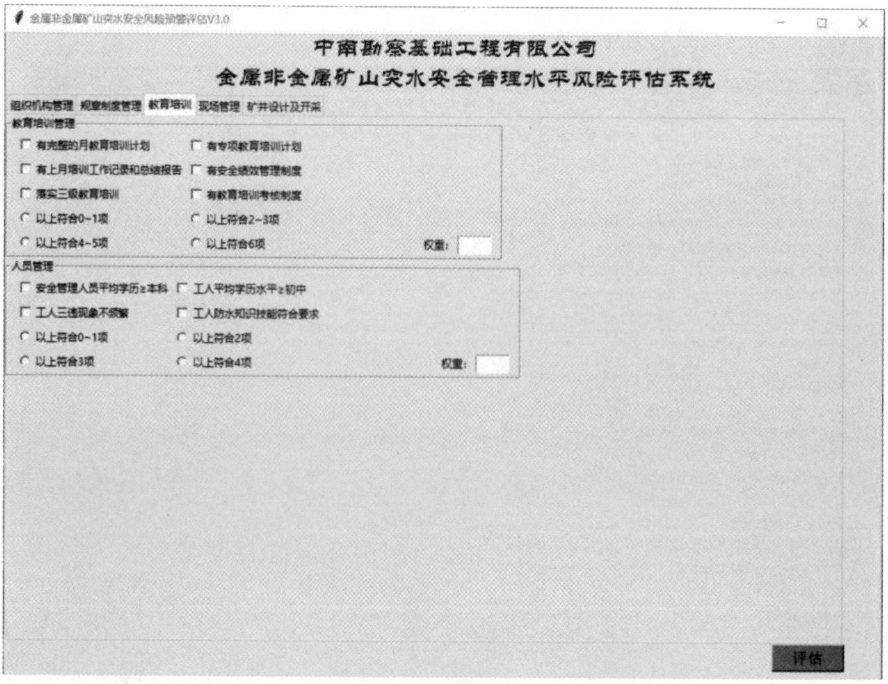

金属非金属矿山突水安全风险预警评估V3.0

中南勘察基础工程有限公司

金属非金属矿山突水安全管理水平风险评估系统

组织机构管理 规章制度管理 教育培训 现场管理 矿井设计及开采

教育培训管理

- 有完整的月教育培训计划
- 有专项教育培训计划
- 有上月培训工作记录和总结报告
- 有安全绩效管理制度
- 落实三级教育培训
- 有教育培训考核制度

以上符合0~1项　以上符合2~3项　以上符合4~5项　以上符合6项　权重：

人员管理

- 安全管理人员平均学历≥本科
- 工人平均学历水平≥初中
- 工人三违现象不频繁
- 工人防水知识技能符合要求

以上符合0~1项　以上符合2项　以上符合3项　以上符合4项　权重：

评估

图 5-17　管理水平风险评估系统教育培训界面

图5-18中需要用户点击的内容包括：监测频率、探放水管理、现场安全检查管理、双重预防机制。

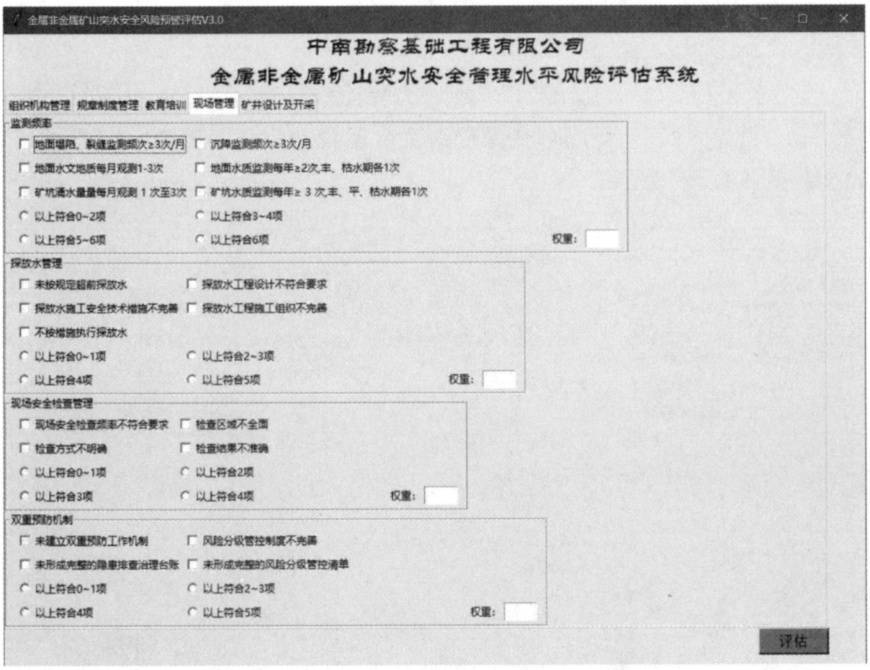

图5-18　管理水平风险评估系统现场管理界面

图5-19中需要用户输入的内容包括：采空区、充填量。需要用户点击的内容包括：地表防水设计、地下设计中的地下防水设计、矿井涌水量预计算。

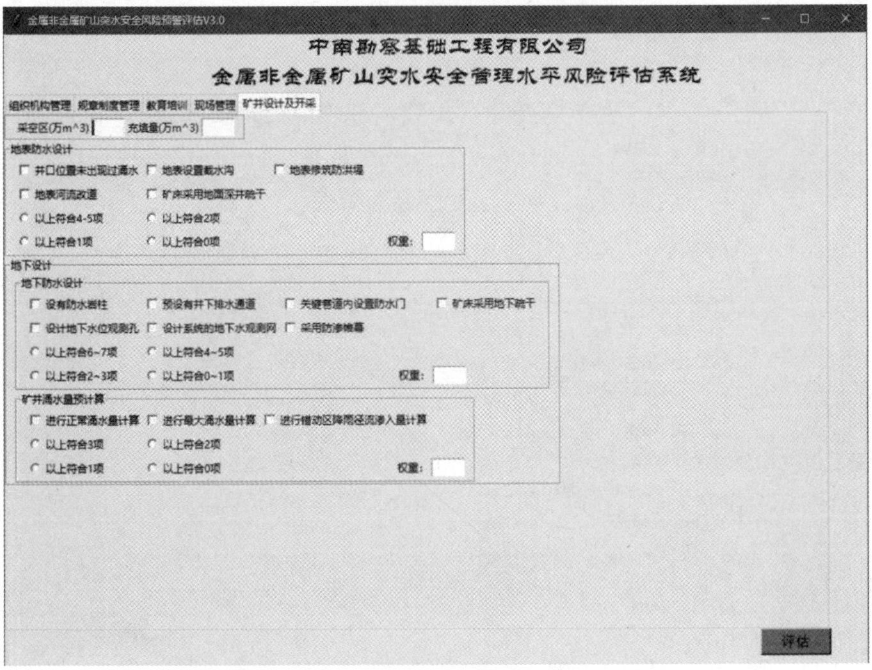

图5-19　管理水平风险评估系统矿井设计及开采界面

(4)金属非金属矿山突水安全风险预警评估系统环境影响因素风险评估界面。

图 5－20 中需要用户输入的内容包括:日最大降水量、年平均降水量、最长连续降水日数。需要用户点击的内容包括:地表水来源、地势条件、地表环境不良。

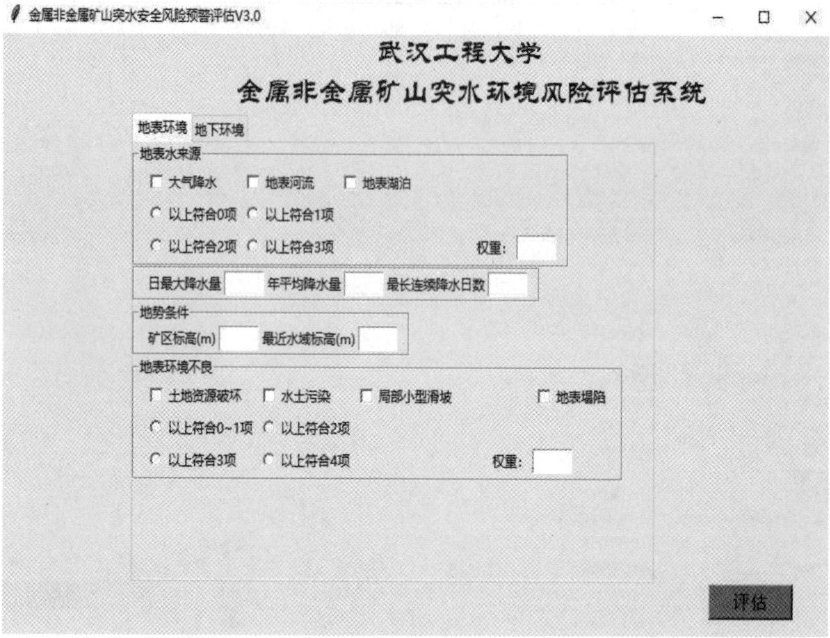

金属非金属矿山突水安全风险预警评估V3.0
武汉工程大学
金属非金属矿山突水环境风险评估系统
地表环境 地下环境
地表水来源
大气降水 地表河流 地表湖泊
以上符合0项 以上符合1项
以上符合2项 以上符合3项 权重:
日最大降水量 年平均降水量 最长连续降水日数
地势条件
矿区标高(m) 最近水域标高(m)
地表环境不良
土地资源破坏 水土污染 局部小型滑坡 地表塌陷
以上符合0~1项 以上符合2项
以上符合3项 以上符合4项 权重:
评估

图 5－20 环境影响因素风险评估系统地表环境界面

图 5－21 中需要用户点击的内容包括:矿体充水含水层、地下环境不良、地下水检测数据。

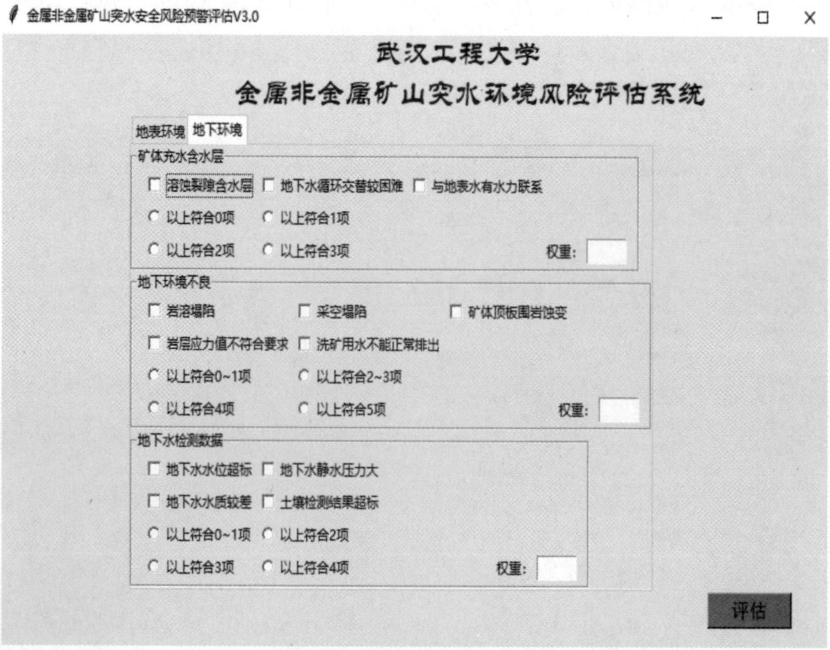

金属非金属矿山突水安全风险预警评估V3.0
武汉工程大学
金属非金属矿山突水环境风险评估系统
地表环境 地下环境
矿体充水含水层
溶蚀裂隙含水层 地下水循环交替较困难 与地表水有水力联系
以上符合0项 以上符合1项
以上符合2项 以上符合3项 权重:
地下环境不良
岩溶塌陷 采空塌陷 矿体顶板围岩蚀变
岩层应力值不符合要求 洗矿用水不能正常排出
以上符合0~1项 以上符合2~3项
以上符合4项 以上符合5项 权重:
地下水检测数据
地下水水位超标 地下水静水压力大
地下水水质较差 土壤检测结果超标
以上符合0~1项 以上符合2项
以上符合3项 以上符合4项 权重:
评估

图 5－21 环境影响因素风险评估系统地下环境界面

(5)金属非金属矿山突水安全风险预警评估系统整体风险评估界面(图5-22)。

图5-22　整体风险评估系统界面

本界面是对金属非金属矿山可能导致突水部分的四个方面的风险值进行手动输入,最终得出该金属非金属矿山突水安全风险预警评估系统的整体动态风险值,四个数据需要用户根据人为操作风险评估反馈值、工程设备设施风险评估反馈值、环境影响因素风险评估反馈值、管理水平风险评估反馈值手动输入,最后点击计算得出最后结果。

5.3.3　系统运行结果输出

(1)人为操作风险评估系统结果输出。

用户根据图5-23的输出结果进行整改。

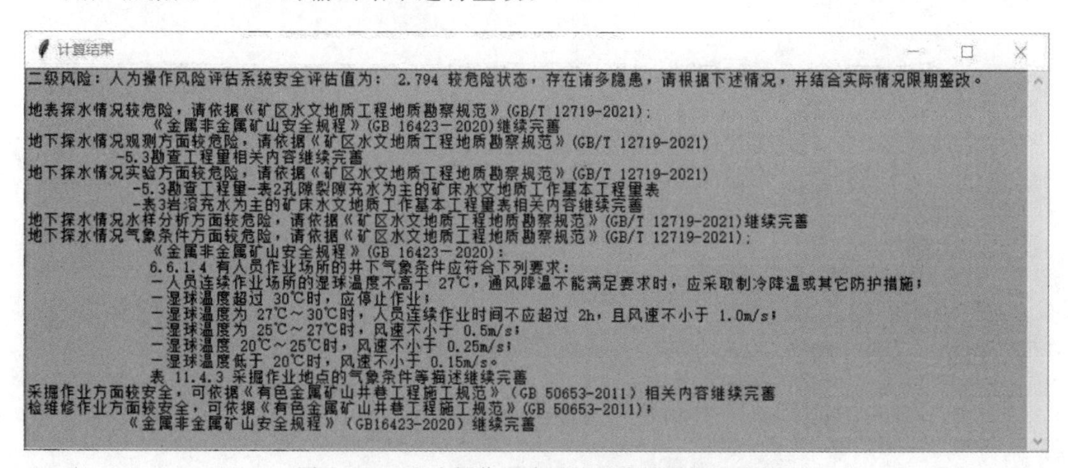
计算结果

二级风险：人为操作风险评估系统安全评估值为： 2.794 较危险状态，存在诸多隐患，请根据下述情况，并结合实际情况限期整改。

地表探水情况较危险，请依据《矿区水文地质工程地质勘察规范》(GB/T 12719-2021);
《金属非金属矿山安全规程》(GB 16423－2020)继续完善
地下探水情况观测方面较危险，请依据《矿区水文地质工程地质勘察规范》(GB/T 12719-2021)
-5.3勘查工程量相关内容继续完善
地下探水情况实验方面较危险，请依据《矿区水文地质工程地质勘察规范》(GB/T 12719-2021)
-5.3勘查工程量-表2孔隙裂隙充水为主的矿床水文地质工作基本工程量表
-表3岩溶充水为主的矿床水文地质工作基本工程量表相关内容继续完善
地下探水情况水样分析方面较危险，请依据《矿区水文地质工程地质勘察规范》(GB/T 12719-2021)继续完善
地下探水情况气象条件方面较危险，请依据《矿区水文地质工程地质勘察规范》(GB/T 12719-2021);
《金属非金属矿山安全规程》(GB 16423－2020):
6.6.1.4 有人员作业场所的井下气象条件应符合下列要求:
一人员连续作业场所的湿球温度不高于 27℃，通风降温不能满足要求时，应采取制冷降温或其它防护措施；
一湿球温度超过 30℃时，应停止作业；
一湿球温度为 27℃～30℃时，人员连续作业时间不应超过 2h，且风速不小于 1.0m/s；
一湿球温度为 25℃～27℃时，风速不小于 0.5m/s；
一湿球温度 20℃～25℃时，风速不小于 0.25m/s；
一湿球温度低于 20℃时，风速不小于 0.15m/s。
表 11.4.3 采掘作业地点的气象条件等描述继续完善
采掘作业方面较安全，可依据《有色金属矿山井巷工程施工规范》(GB 50653-2011)相关内容继续完善
检维修作业方面较安全，可依据《有色金属矿山井巷工程施工规范》(GB 50653-2011)；
《金属非金属矿山安全规程》(GB16423-2020)继续完善

图5-23　人为操作风险评估系统结果输出界面

(2)工程设备设施风险评估系统结果输出。

用户应根据图 5 - 24 的输出结果及时进行整改。

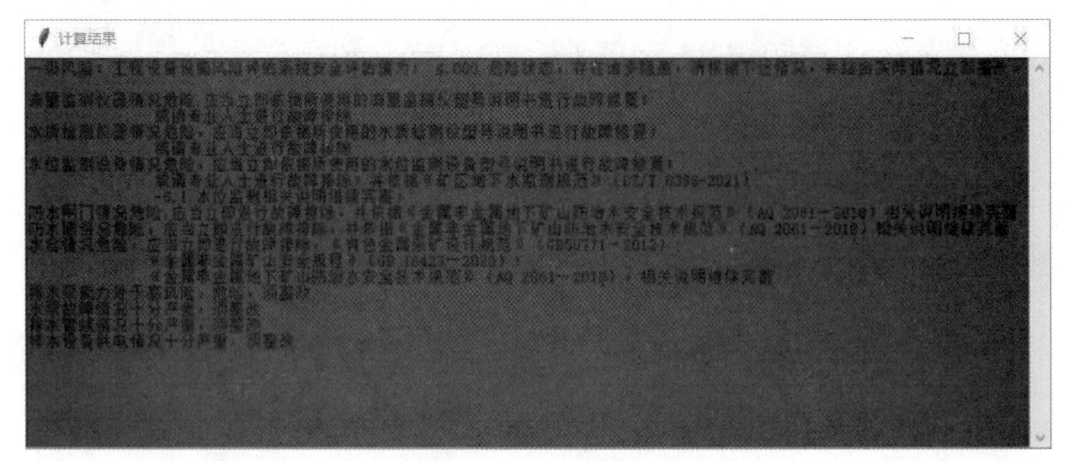

图 5 - 24　工程设备设施风险评估系统结果输出界面

(3)管理水平风险评估系统结果输出。

用户应根据图 5 - 25 的输出结果及时进行整改。

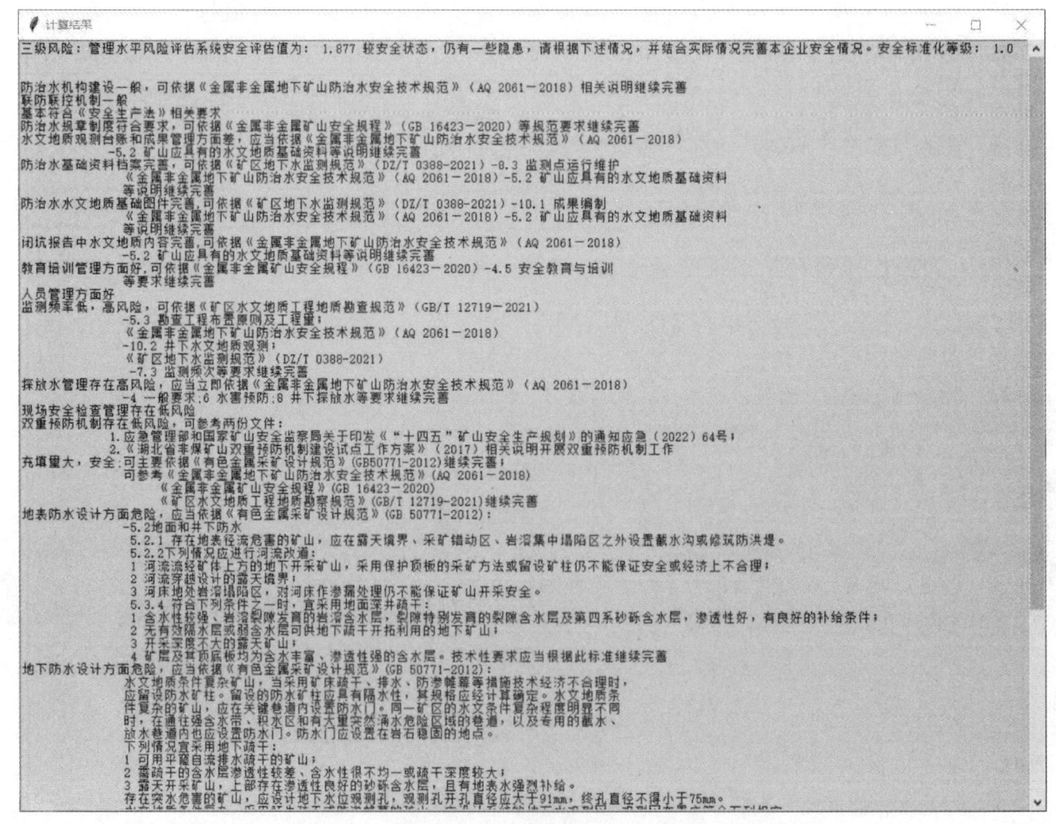

图 5 - 25　管理水平风险评估系统结果输出界面

(4)环境影响因素风险评估系统结果输出。

用户应根据图 5－26 的输出结果及时进行整改。

计算结果

监测频率低，高风险，可依据《矿区水文地质工程地质勘查规范》（GB/T 12719－2021）
-5.3 勘查工程布置原则及工程量；
《金属非金属地下矿山防治水安全技术规范》（AQ 2061－2018）
-10.2 井下水文地质观测；
《矿区地下水监测规范》（DZ/T 0388-2021）
-7.3 监测频次等要求继续完善
探放水管理存在高风险，应当立即依据《金属非金属地下矿山防治水安全技术规范》（AQ 2061－2018）
-4 一般要求;6 水害预防;8 井下探放水等要求继续完善
现场安全检查管理存在低风险
双重预防机制存在低风险，可参考两份文件：
1.应急管理部和国家矿山安全监察局关于印发《“十四五”矿山安全生产规划》的通知应急（2022）64号；
2.《湖北省非煤矿山双重预防机制建设试点工作方案》（2017）相关说明开展双重预防机制工作
充填量大，安全:可主要依据《有色金属采矿设计规范》(GB50771-2012)继续完善；
可参考《金属非金属地下矿山防治水安全技术规范》(AQ 2061－2018)
《金属非金属矿山安全规程》(GB 16423－2020)
《矿区水文地质工程地质勘察规范》(GB/T 12719-2021)继续完善
地表防水设计方面危险，应当依据《有色金属采矿设计规范》(GB 50771-2012)：
-5.2地面和井下防水
5.2.1 存在地表径流危害的矿山，应在露天境界、采矿错动区、岩溶集中塌陷区之外设置截水沟或修筑防洪堤。
5.2.2下列情况应进行河流改道：
1 河流流经矿体上方的地下开采矿山，采用保护顶板的采矿方法或留设矿柱仍不能保证安全或经济上不合理；
2 河流穿越设计的露天境界；
3 河床地处岩溶塌陷区，对河床作渗漏处理仍不能保证矿山开采安全。
5.3.4 符合下列条件之一时，宜采用地面深井疏干：
1 含水性较强、岩溶裂隙发育的岩溶含水层，裂隙特别发育的裂隙含水层及第四系砂砾含水层，渗透性好，有良好的补给条件；
2 无有效隔水层或弱含水层可供地下疏干开拓利用的地下矿山；
3 开采深度不大的露天矿山；
4 矿层及其顶底板均为含水丰富、渗透性强的含水层。技术性要求应当根据此标准继续完善
地下防水设计方面危险，应当依据《有色金属采矿设计规范》(GB 50771-2012)：
水文地质条件复杂矿山，当采用矿床疏干、排水、防渗帷幕等措施技术经济不合理时，
应留设防水矿柱。留设的防水矿柱应具有隔水性，其规格应经计算确定。水文地质条
件复杂的矿山，应在关键巷道内设置防水门。同一矿区的水文条件复杂程度明显不同
时，在通往强含水带、积水区和有大量突然涌水危险区域的巷道，以及专用的截水、
放水巷道内也应设置防水门。防水门应设置在岩石稳固的地点。
下列情况宜采用地下疏干：
1 可用平窿自流排水疏干的矿山；
2 需疏干的含水层渗透性较差、含水性很不均一或疏干深度较大；
3 露天开采矿山，上部存在渗透性良好的砂砾含水层，且有地表水强烈补给。
存在突水危害的矿山，应设计地下水位观测孔，观测孔开孔直径应大于91mm，终孔直径不得小于75mm。
水文地质条件复杂，采用预先疏干或防渗帷幕的矿山，应设计系统的地下水观测网，观测网布置应符合下列规定：
1 观测网应由2 条以上剖面组成，每条剖面上的观测孔不应少于3 个；
2 重点观测区应为采掘范围，最远的观测孔不宜超过预计的疏干漏斗边缘；
3 应能控制对矿坑充水有影响的含水层和地表水体附近地下水的动态变化；
4 岩溶塌陷矿区，应兼顾重要工业及民用建、构筑物地下水动态变化的观测；
5 采用防渗帷幕的矿山，应在帷幕内、外布置观测孔。
5.4.1 矿区水文地质条件复杂，符合下列条件之一时，宜采用防渗帷幕：
1 采用疏干措施难以保证有效降低地下水位；
2 矿区附近存在重要的建、构筑物和城镇等大型居民集中点，采用疏干措施不能保证安全；
3 覆盖型岩溶塌陷矿区，含水层厚度大、分布广，渗透性、含水性强，采用疏干措施形成的降落漏斗半径大，塌陷范围广；
4 大量排水影响附近城镇供水和地下水资源保护要求。
5.4.2 采用防渗帷幕，宜具备下列水文地质基础条件：
1 地下水进入矿坑的通道比较狭窄；
2 进水通道两端和底部均有可靠和连续分布的隔水层或相对隔水层；
3 含水层必须具备良好的灌注条件，受灌注的含水层全段埋深较浅。相关内容继续完善
矿井涌水量预计算方面较安全，可依据《有色金属采矿设计规范》(GB 50771-2012)：
5.1.1 地下开采矿山应计算最低开拓阶段及以上排水阶段的涌水量。涌
水量计算应包括正常涌水量和最大涌水量。矿体采动后导水裂隙带波及
地面时，还应计算错动区降雨径流渗入量。
具体计算方法参照此标准和《矿坑涌水预测计算规程》(DZ/T 0342-2020)继续完善

图 5－26　环境影响因素风险评估系统结果输出界面

(5)整体风险评估系统结果输出。

整体风险评估结果是根据人为操作风险评估系统结果、工程设备设施风险评估系统结果、管理水平风险评估系统结果、环境影响因素风险评估系统结果的风险系数得到的。根据图 5－27 可了解整体风险系数，并及时进行整改。

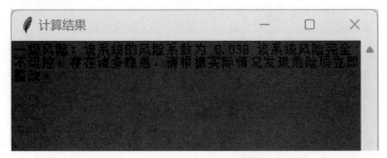

图 5－27　整体风险评估系统结果输出界面

5.4 接口设计

本系统使用的 tkintar 模块包括 tk、ttk、子模块，调用 Tcl/TK 的接口，是一个跨平台的脚本图形界面接口，并使用 win32api 图形设备接口。调用 python 中的 pillow 库、tima 库、urllib 库、sympy 库。

5.5 软件作业指导书

5.5.1 软件打开

用户打开压缩包并解压，找到名为"jiemian. exe"文件双击点开。用户选择要评估的方面，在人为操作风险、工程设备设施风险、管理水平风险、环境影响因素风险中选一个。

5.5.2 软件勾选、填写

(1)人为操作风险评估系统的使用。

首先用户在界面首页点击"人为操作风险评"，界面跳转到人为操作风险评估系统。用户根据企业实际情况进行选择填写，注意在填写权重的时候要将电脑的语言切换成英文格式，同时权重的填写应根据企业实际情况确定权重的大小，每一个界面的权重的和为 1。即地质勘探中地表探水情况的权重和地下探水情况中的观测权重、实验权重、水样分析权重和气象条件权重这五个权重和为 1。其他界面同理，非特殊情况不再赘述。本系统中方框为多选框，如地表探水情况中的"区域水文地质测绘完善""矿区水文地质测绘完善""有地表水位监测""有地表水量预测"，用户应根据企业实际情况进行选择。用户根据选择多选项的个数选择对应的单选框，并根据该项因素在企业中的重要程度输入一个合适的权重。用户重复该操作完成地质及勘探这一界面的勾选与权重的填写，完成后点击第二个界面即现场作业，完成勾选并填写权重和为 1。此时，用户已将人为操作风险评估系统填写、勾选完毕，点击"评估"按钮。用户可以看到对认为操作风险评估的分析结果。同时，用户需要记住人为操作风险评估系统安全评估值。

(2)工程设备设施风险评估系统的使用。

用户在电脑的任务栏中找到首页，并点击"工程设备设施风险"，界面跳转到"工程设备设施风险评估系统"。其操作步骤同人为操作风险评估系统的使用。用户完成监测、检测设备以及防水设施、排水系统这三个界面下的勾选和权重的填写，及完成排水系统界面下的排水泵能力的填写，点击"评估"按钮。系统自动反馈工程设备设施风险系统各指标的状态，并提出整改建议。同时用户需要记住工程设备设施风险评估系统安全评估值。

(3)管理水平风险评估系统的使用。

用户在电脑的任务栏中找到首页，并点击"管理水平风险"，界面跳转到"管理水平风险评估系统"。其操作步骤同人为操作风险评估系统的使用。用户根据实际情况完成组织机构管理、规章制度管理、教育培训、现场管理、矿井设计及开采。需要注意的是,在规章制度管理界面下又细分了安全生产管理和资料存档管理两个子界面。这两个子界面的权重和为1,即安全生产管理中的安全生产法权重、防治水规章制度权重、水文地质观测台账和成果管理权重与资料存档管理中的防治水基础资料档案权重、防治水水文地质基础图件权重、闭坑报告中水文地质内容权重和为1。用户将所有界面都勾选、填写好后点击“评估”按钮。系统自动反馈结果,用户根据反馈结果进行整改并记住管理水平风险评估系统安全评估值。

(4)环境影响因素风险评估系统的使用。

用户在电脑的任务栏中找到首页,并点击“环境影响因素风险”,界面跳转到“环境影响因素风险评估系统”。其操作步骤同人为操作风险评估系统的使用。用户完成地表环境、地下环境这两个界面下的勾选和权重的填写,并完成相关的数值填写,点击“评估”按钮。系统自动反馈环境影响因素风险系统各指标的状态,并提出整改建议。同时用户需要记住环境影响因素风险评估系统安全评估值。

5.5.3　软件整体风险评估

用户在评估完人为操作风险、工程设备设施风险、管理水平风险和环境影响因素风险后,在电脑任务栏找到主界面,点击整体风险评估。系统自动跳转界面到整体风险评估系统。用户将刚才得到的人为操作风险、工程设备设施风险、管理水平风险和环境影响因素风险评估系统安全评估值输入到对应的框中,点击“评估”按钮,即可得到整体风险评估级别。

5.5.4　软件使用可能遇到的问题

用户在使用系统时难免会遇到各种情况,如果在尝试以下方法后仍无法得到系统反馈的结果,建议联系技术人员。

(1)点击“评估”按钮后弹出窗口但无内容。此时,用户应回到评估系统仔细查看是否有单选项未选择或权重和相关输入框是否输入内容。

(2)点击“评估”按钮后弹出选框但内容显示不全。此时,用户应及时联系技术人员对软件进行升级。

(3)点击“评估”按钮后弹出选框内容与实际极其不符。此时,用户应检查权重是否输入了小数点,并确定权重的赋值是否得当。

5.6　本章小结

本评估系统可以较好的完成对金属非金属矿山突水安全风险预警评估,通过对数据的输入和处理,以及对权重指标的确定,能够得到金属非金属矿山突水安全风险预警评估具体评估结果,该评估结果是根据企业实际情况获得,真实可信。权重的自由输入也增加了系统使用的灵活性,即可面向研究机构进行深层研究,也可以直接投入企业使用,有较大的应用范围。具有以下优点：

(1)本评估系统将金属非金属矿山突水安全风险预警评估系统同计算机评价结合起来，所采用编写语言为Python。该语言最大的特点是可编译性，即面向用户，评估系统可以根据企业实际情况或研究机构实际情况进行后续修改，极大便利了后续版本的开发。并且基于此，还可以开发其他系统，具有较强的可开发和可拓展性。

(2)本评估系统为自行输入权重，即在权重框中输入自行确定的权重值进行计算。企业结合实际情况确定相关权重将权重输入系统进行评估，不仅适用于不同企业不同环境，还能利用该系统节约时间，极大方便了今后的研究并可以及时检测、防止事故的发生。

(3)本评估系统在指标的建立上具有一定的科学性，基本考虑到了金属非金属矿山突水安全方面存在风险的所有因素。且对于指标判断的具体内容也参考了诸多专家和具体的研究文献，进行打分分类也具有很强的科学依据。

(4)本评估系统页面十分简洁、分类清晰。方便用户阅读和使用。

(5)在指标的处理结果中较为清晰，包括风险可能性程度值、整体评价建议和具体指标评价结果，为用户整改或研究提供了极大的便利。

(6)本系统小巧轻便，系统界面和子系统均为.exe文件，即安即用，方便快捷，对硬件设备没有要求，同时不需要使用互联网即可使用该软件，减少了网络的限制，更减少了因网络攻击带来的数据、财产损失。本系统在当今社会中基本全部计算机的配置均可运行本系统。真正做到适合全用户使用。本系统在前一版本的基础上，UI设计更加合理，便于分析存在的安全问题。

第6章 非煤矿山
地下开采水患风险分级管控

我国是矿山水害的高发地区，近几年，矿山透水事故仍有发生，各种类型的地表水或地下水，通过一定的渗透通道，涌入或突入采掘工作空间，影响矿井的正常生产，甚至造成淹井、淹中段的重大事故。水患是威胁井下工作人员生命安全的矿井灾害之一，因此，迫切需要探索新的思路或方法来预防和控制透水事故的发生，将危险源的控制管理当作日常性综合性工作经常性开展。

第4章中利用云模型评价法针对非煤矿山突水安全风险进行了定量评价，可以评估体系中不同指标的风险等级，本章采用作业条件危险性评价法(LEC法)针对非煤矿山的突水安全风险分析进行补充评价，两者针对的对象相同，能更好地对非煤矿山地下开采水患风险进行分级管控。

6.1 危险源风险评价的方法

目前对危险源的风险评价的方法主要有矩阵法、故障类型及影响分析(FMEA)、风险概率评价法(PRA)、危险可操作性研究(HAZOP)、事件树分析(ETA)、事故树分析(ATA)、头脑风暴法、作业条件危险性评价法(LEC法)等。LEC法是一种常用的风险评价方法，通过对事故发生的可能性、暴露于危险环境中频繁程度以及事故产生的后果进行定性分析，确定适用的分值及其计算方法，对计算出的分值区间判断对应的风险等级，以便决定采取何种措施进行防范和风险规避。因此LEC法是在定性—定量—定性的基础上对危险源定性评价的方法，适用于多行业的风险评价，尤其是在职业健康安全管理体系审核中得到广泛应用。

6.2 作业条件危险性评价法(LEC)的评价步骤

作业条件危险性评价法用于与系统风险有关的三种因素指标值之积来评价操作人员伤亡风险大小，这三种因素是：事故发生的可能性(L)、人员暴露于危险环境中的频繁程度(E)和一旦发生事故后可能造成的后果(C)。但是，要取得这三种因素的准确数据，却是相当繁琐的过程。

6.2.1 作业条件危险性评价法(LEC)优缺点

经典的LEC法无需深奥的理论,便于在较短时间内使广大的危害因素识别评价人员掌握,通过半定量计算,可分析出各危害因素的风险等级,进而采取控制措施。针对当前的作业条件进行赋值评估,L、E、C的取值标准只是一个较笼统的概念,需要分析者有各方面的知识,并对评价对象有一定的经验,同一个风险不同的人会评价出不同的结果。它的缺点在于只能体现评估当时作业场景的危险程度大小,而不能体现更多的当时的人员专业素质的可靠性,工艺设备完好性,环境保障安全性和制度管理的完备性的改进。可以将这些能够影响方法评价中关键数值的因素作为优化系数,降低事故发生的可能性。在评估中不仅能够体现事故发生的可能性,也可以体现通过当时的改进措施,这种可能性相较于前期的发展水平;同样在事故后果评估中,可以参照对应的控制措施进行添加补偿措施系数,最大程度降低事故带来的危害程度;在评估暴露危险环境频率环节时,可以通过现场的环境作业可靠性,危险警示的标准化和应急物资完备程度,来评估危险环境的威胁量化大小。

6.2.2 作业条件危险性评价法(LEC)评价过程

为了简化评价过程可采取半定量计值方法,给三种因素的不同等级分别确定不同的分值,再以三个分值的乘积(D)来评价作业条件危险性的大小。

对于一个具有潜在危险性的作业条件,一般认为影响危险性的主要因素有三个:①发生事故或危险事件的可能性;②暴露于这种危险环境的情况;③事故一旦发生可能产生的后果。

用下式来表示作业条件的危险性。

$$D = LEC \tag{6-1}$$

式中:D为作业条件的危险性;L为事故或危险事件发生的可能性;E为暴露于危险环境的频率;C为发生事故或危险事件的可能结果。

(1)事故发生的可能性(L),判别分值见表6-1。

表6-1　事故发生的可能性(L)

分数值	事故发生的可能性	分数值	事故发生的可能性
10	完全可以预料到	0.5	很不可能,可以设想极不可能
6	相当可能	0.2	极不可能
3	可能,但不经常	0.1	实际不可能
1	可能性小,完全意外		

地下水患事故诱发性事件较多,为了量化事故发生可能性,把事件发生极少的可能性规定为0.1,一定发生的可能性规定为10,那么其他影响时间普遍集中在这两个极值范围之内,通过可能性判断,进行赋值操作。

(2)人员暴露于危险环境的频繁程度(E),判别分值见表6-2。

表6-2 人员暴露于危险环境的频繁程度(E)

分数值	人员暴露于危险环境的频繁程度	分数值	人员暴露于危险环境的频繁程度
10	连续暴露	2	每月一次暴露
6	每天工作时间内暴露	1	每年几次暴露

人员暴露于危险环境中的时间越多，受到伤害的可能性越大，相应的危险性也越大。规定人员连续出现在危险环境的情况定为10，而罕见地出现在危险环境中定为0.5，介于两者之间的各种情况规定若干个中间值。

(3)人员暴露于危险环境中时间越多，受到的伤害可能性越大，相应的危险性越大，根据表5-2及实际选择非煤矿山地下生产岗位的数值。

发生事故可能造成的后果(C)，判别分值见表6-3。

表6-3 发生事故可能造成的后果(C)

分数值	发生事故可能造成的后果	分数值	发生事故可能造成的后果
100	大灾难，许多人死亡，或造成重大财产损失	7	严重，重伤，或较小的财产损失
40	灾难，数人死亡，或造成很大财产损失	3	重大、致残或很小的财产损失
15	非常严重，一人死亡或造成一定的财产损失	1	引人注目，不利于基本安全要求

事故造成的人员伤害和财产损失的范围变化很大，所以规定分数值为1～100。把需要治疗的轻微伤害或较小财产损失的分数规定为1，把造成许多人死亡或重大财产损失的分数规定为100，其他情况的数值在1～100之间，根据分析得出各岗位的取值。

(4)危险性等级划分(D)。

根据经验，危险性分值在70分以下为低危险性；如果危险性分值在70～160分之间，有显著的危险性，需要采取措施整改；如果危险性分值在160～320分之间，有高度危险性，必须立即整改；如果危险性分值大于320分，极度危险，应立即停止作业，彻底整改。危险性等级的划分是凭经验判断，难免带有局限性，不能认为是普遍适用的，应用时需要根据实际情况予以修正。按危险性分值划分危险性等级的标准见表6-4。

表6-4 危险性等级划分标准

D值	危险程度	D值	危险程度
＞320	极其危险，不能继续作业	20～70	一般危险，需要注意
160～320	高度危险，需立即整改	＜20	稍有危险，可以接受
70～160	显著危险，需要整改		

最后把依据LEC法得出的分数进行排序，把安全风险等级分为四个等级，并用四个不同颜色进行标识，如表6-5所示。

表6-5 LEC评估值与安全风险等级对应关系

序号	风险评估值	风险等级	颜色
1	$20 \leqslant D < 70$	低风险	蓝
2	$70 \leqslant D < 140$	一般风险	黄
3	$140 \leqslant D < 270$	较大风险	橙
4	$D \geqslant 270$	重大风险	红

6.3 矿山地下水灾害风险分级

6.3.1 矿山地下水灾害的主要表现形式

矿山地下水灾害往往通过地下水量积蓄能量释放或者间接物体接触而形成突发性事件，它的表面现象直观体现了其特有的危害性特征。

1. 矿井突水

矿井突水是因井巷、工作面与含水层溶洞、溶穴、陷落柱、构造破碎带等接近或沟通而突然产生的出水事故。矿井在掘进或工作面回采过程中，破坏了岩层天然平衡，周围水体在静水压力和矿山压力作用下，通过断层、隔水层和岩层的薄弱处进入采掘工作面，形成矿井突水。矿井突水这一现象的发生与发展有一个逐渐变化的过程，有的表现很快(一两天)，有的表现较慢(采掘后半个月或数日)，这与工作面具体位置、采场地质情况、水压力、矿井压力大小有关。在采矿过程中，地下水大量涌入矿山坑道，往往使施工复杂化和采矿成本增高，严重时甚至威胁矿山工程和人身安全。由于其发生突然和出水量大的特点常常影响生产或淹井，而且突水后还要负担巨大排水费用，采矿和矿井安全都受到严重威胁，有时候甚至会直接造成矿区报废，不能继续开采，给经济和资源利用等方面造成严重的损失。

2. 地面塌陷

岩溶矿床疏干排水后，地表往往产生塌陷，金属、化工及核工业等矿山都存在这样的案例，单个塌陷的空间体积最大达5万m^3，塌陷影响范围大者可达数十平方千米；塌陷点数量一般在数百个以上，多者可达数千个。塌陷对矿山建设及周围环境的危害极大，塌陷发展到水域区，会增加矿井地下水的补给，影响采矿作业正常、安全进行；塌陷还会造成大面积范围内的工民用建筑、交通、农田、水利设施和区域环境破坏，并呈日趋严重之势。水口山铅锌矿、凡口矿、铜录山矿、安庆铜矿、新桥硫铁矿大广山铁矿等均遭受过塌陷之苦。

3. 井下泥石流

矿床疏干或巷道揭露破碎带时，常伴有泥砂随水涌入矿井，发生泥石流事故，它不仅摧毁设备甚至可能造成人身事故。高峰锡矿、三山岛金矿也因巷道直接揭露断裂破碎带而发生流砂溃入矿井事故。大水孔隙矿床也易发生流砂冲溃，如姑山铁矿在一次突水管涌以后，曾产生流量达 300m^3/h 的泥石流。

4. 其他水害形式

(1)滑坡。露天采矿时，流砂、淤泥层、断裂等软弱结构面的存在，在地下水渗流潜蚀作用下，易导致边坡不稳，产生滑坡，如姑山铁矿、石录铜矿均发生过滑坡事故。

(2)片帮、崩落。巷道、采场遇含水的松散岩体或有软弱结构面的岩体时，在地下水的动水压力作用下，巷道侧帮、顶板易发生片帮、崩落事故。

(3)海水入侵。海边采矿时，在含水构造的导通下，易发生海水入侵现象，从而破坏水源地。如三山岛金矿总涌水量中，海水即占 60%以上。其他如酸水、热水涌入矿井导致的水害，也应引起高度重视。

6.3.2 矿山透水事故发生机理

矿山透水事故的发生必须具备三个条件，即透水水源、透水通道和透水强度，三者缺一不可，如图 6-1 所示。透水水源是矿山发生透水的危险源。如果不存在透水水源，透水事故就不会发生，也就是说透水水源是矿山透水事故发生的根源。有了透水水源，也未必发生透水事故，还要看透水通道，如果对透水通道进行封堵或采取其他措施，使透水水源无法进入矿井，那么也不会发生透水事故。即使具备了透水水源和透水通道，透水事故也不一定发生，如果此时透水强度较小，矿井自身的排水系统完全能解决，那么也不会发生透水事故；如果此时透水强度较大，超过了矿井的排水能力，就会造成透水事故，导致人员伤亡和财产损失，严重时甚至会淹没整个矿井。

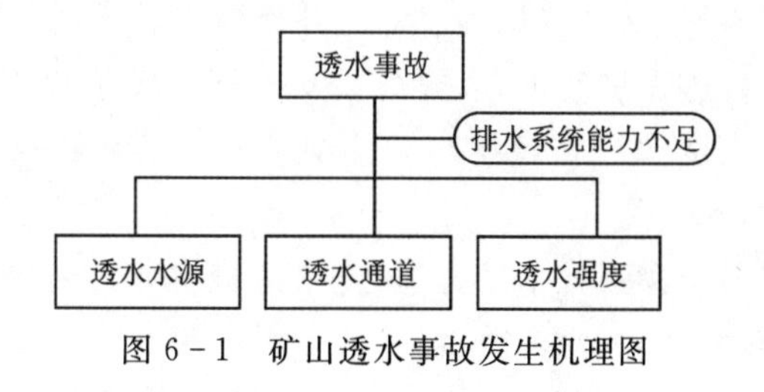

图 6-1 矿山透水事故发生机理图

透水通道是连接水源与矿井之间的流水通道，亦称涌水通道，包括自然形成的通道和人为形成的通道两种。自然通道主要有裂隙带通道、断裂带通道和岩溶陷落柱通道；人为通道主要有顶板冒落带、地面岩溶塌陷带、底板矿压破坏带与底板水压导升带、井筒、塌陷裂缝和封堵不严的钻孔。

透水强度是衡量矿井储水强度的指标，一般可以用定性分析或定量预测的方法来判断。根据矿山开采资料，矿井涌水量的大小除与水源、通道性质和特征有关外，还有一些因素也影响着矿井涌水强度，主要有充水岩层出露和接受补给条件、矿床的边界条件、地质构造条件、地震的影响等。此外，矿井涌水的程度与矿井所在地区降水量的大小、降水性质、强度和延续时间有关系。一般来说，我国南方的矿区受降水的影响大于北方矿区。虽然矿井涌水量随气候而有明显的季节性变化，但涌水量出现的高峰时间则往往是雨季稍后延一段时间。

矿井水是伴随着矿山生产活动而产生的，因此，为保证矿山安全生产，任何矿山企业都必须建立较为完善的防排水系统，而其能力则要视具体矿井而言。而要建立符合矿井安全生产的防排水系统，其前提就是必须要详细掌握矿山水文地质资料。

掘进井巷时，穿透含水层或溶洞，加上矿床水文地质资料掌握不详或测量错误，盲目施工而穿透积水旧巷，井巷出口位于洪水水位以下和地表水、雨雪水通过各种渗漏通道进入井下等原因，造成矿井积水、涌水。当水量超过矿井企常排水能力时，则酿成水患。在隐患排查上，分别从水患来源、排水系统、提升系统、供配电系统、监控系统、应急处置等方面排查隐患并及时分析矿山地下开采水患成因：

(1)原本平衡的水力系统，由于地下开挖，水力梯度发生改变，在水流方向上，遇到胶结差或稳定性差的软弱围岩，容易造成渗透变形，伴随突泥、流砂、管涌等现象。

(2)由于开挖引起承压含水层顶板或底板破坏，厚度减少，当承压水压力超过顶板或底板压力时，会造成承压水突涌。

(3)排水设备能力不足，则会导致施工作业区大量积水，不仅降低围岩稳定性，也严重威胁结构自身安全。另外，大量携带泥砂的地表水、地下水流入施工结构空间内，使地下水水位迅速下降，在重力、真空吸蚀和冲蚀作用下，造成地面塌陷或产生地面陷穴、地面裂缝等次生灾害。

(4)开采江、河、湖泊、水库地表水影响范围内的矿脉时，以及雨季洪水暴发水位高出拦洪堤坝或冲毁井口围堤时，水直接灌入矿井。

(5)井筒在冲积层或经含水层中开凿时，如果事先不进行处理，就会涌水，特别是从砂砾层、水砂层一齐涌出时，可造成井壁塌陷、沉陷、井架偏斜。

(6)在顶板破碎的矿林中掘进巷道，因放炮或支护不好发生冒顶，或回采工作面上方防水岩柱尺寸不够，当冒落高度和导水裂缝与湖泊河流等地表水或强含水层沟通时，便会造成透水。

(7)巷道掘进与断层另一盘强含水层打通，就会造成突水。若断层带岩石破碎，各种破碎面或石灰岩裂隙溶洞较发育，突水威胁就更大。

(8)由于隔水岩柱的抗压强度抵抗不住静水压力和矿山压力的共同作用，巷道掘进后经过一段时间的变形，引起底板承压水突然涌出。

(9)石灰岩溶洞塌落形成的陷落柱内部岩石破坏，往往构成岩溶水的垂直通道。当巷道与它掘通时，几个含水层的水同时大量涌出，造成淹井。

(10)勘探钻孔封孔质量不好，成为各水体之间垂直联系的通道。当巷道或采场与这些钻孔相遇时，地表水或地下水就会经钻孔进入矿中，造成涌水。

6.3.3 矿山水患致灾影响因素分析

矿山水患致灾机理是一个复杂的巨系统，其内部各种因素共同作用导致矿山水患的发生。同时，矿山水患各影响因素间呈现非线性和动态性的特征，且存在较为复杂的因果关系。而系统动力学适用于分析研究复杂信息反馈系统的动态趋势，能充分考虑矿山水患致灾系统的特性，找出系统内部诸要素间和各子系统间的复杂因果联系，探索致灾系统的行为特性与安全状况的动态关系，为矿山水患致灾系统的动力学模型的模拟仿真奠定基础。因此，可以选用系统动力学的方法对矿山水患进行研究。

根据系统动力学的理论，构建矿山水患的致灾机理需首先明确矿山水患致灾系统的各种影响因素及各因素之间的因果关系。通过相关研究和案例分析，水患发生的原因主要有以下几个方面：

(1)水文地质条件不良。地形：盆形洼地，降水不易流走，容易补给水。围岩性质：围岩为松散的砂、砾层及裂隙、溶洞发育的灰岩等组成时，可赋存大量水。地质构造影响主要是指褶曲和断层。

(2)防治水制度不健全。例如矿山防治水制度未规定外包单位，现场管理混乱，责任不明确；未按规定提取安全生产费用；未执行“有疑必探，先探后掘”制度；没有防治水技术人员和探放水设备，没有专职探放水队伍等。

(3)防治水技术基础工作不到位。例如钻孔施工记录、探放水设备台账等资料未统一管理，原始资料易丢失，保存资料不真实完整，部分资料不定期更新存档；水患预测预报和水患排查治理制度不落实等。

(4)防治水措施不落实。一是矿山非法违法生产，如无证开采，超层越界、超深越界开采等。二是矿山违规违章生产，如未对可能影响矿井的地表水体针对性防范，探放水措施未落实，对废弃老窿等未彻底充填。

(5)防治水设备设施不健全。部分矿山心存侥幸心理，未建立突水监测预警系统，未开展底板注浆加固工程。

矿山水患致灾系统同时受到人的行为水平、安全管理水平、环境水平、设备设施水平、技术水平、法制监管水平的综合作用影响，各个因素水平的提高将使矿山水患的状况得到整体改善，同时各因素之间又彼此影响，存在复杂的因果关系。结合系统论事故致因模型，矿山水患的因果关系图如图 6-2 所示。

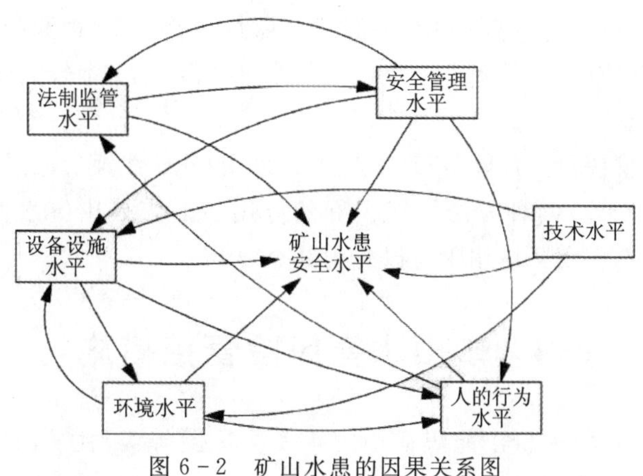

图 6-2　矿山水患的因果关系图

6.3.4 矿山水患点风险分级评价

根据矿山实际情况选取该矿山容易发生透水事故的作业地点作为评价对象，探究其作为危险源发生透水事故的可能性，采用 LEC 法对矿山掘进作业岗位安全风险评价的具体步骤如下：编制 LEC 矿山掘进岗位作业活动不安全因素评价大纲；选定行业内经验丰富的专家按照赋值标准对样本赋值；根据专家打分结果分别计算每项作业活动的 D 值；对样本结果进行分析处理，确定矿山掘进岗位各作业活动不安全因素的风险等级，针对各作业活动的风险等级提出应对措施。矿山水患风险评价见表 6-6。

表 6-6 矿山水患风险评价

序号	评价对象	危险源	风险值				风险等级
			L	E	C	D	
1	围岩	透水	3	6	40	720	重大风险
2	顶/底板	透水	3	5	0	750	重大风险
3	井口围堤	透水	2	3	30	180	较大风险
4	井壁	透水	2	3	20	120	一般风险
5	掘进巷道	透水	3	6	3	54	低风险
6	断层带	透水	1	3	15	45	低风险
7	隔水岩柱	透水	1	6	7	42	低风险
8	石灰岩溶洞	透水	1	6	7	42	低风险
9	勘探钻孔	透水	3	3	3	27	低风险

根据表 6-6 计算结果对照危险性等级划分标准可以得出以下结论：通过对矿山透水风险点的水患因素进行合理地辨识，采用作业条件危险性分析法 10 种安全风险点进行评估和计算，经过安全风险评估后，共辨识 2 个重大风险水患风险点，1 个较大风险点，1 个一般风险点和 5 个低风险点。

对比第 4 章云模型评价法风险等级结果，本章采用 LEC 法评价相同对象的风险等级与云模型评价法一致。因此，两种方法均能很好的应用于非煤矿山突水安全风险分析评价中，两种方法各有优点，在实际应用中可以互为补充。

6.4 矿山水害风险管控措施

云模型和 LEC 法均可评价出非煤矿山突水安全风险等级，在矿山实际安全生产管理中，可以根据安全风险四色图采取针对性的对策措施，从工程技术、安全管理、教育培训等方面管控矿山水害风险。

矿山水害管控方法一般分为三种，即疏、堵、避，实际应用中往往采用一种方法为主、其他方法为辅的综合防治方案。具体来说，矿山水害管控首先应深入掌握矿区水文地质条件，遵循先简单、后复杂，先地面、后井下、层层设防的原则，开展矿山水害管控。对于各种可能涌入矿坑的地表水，应采取地面防水措施；为防范突水淹井，应采取井下防水及探放水措施；为保证安全顺利开采，坑内一般以疏为主，并尽量在浅部将地下水拦截；在水文地质条件适宜、经济技术条件允许时，应优先采取帷幕注浆方案。常用矿井水害管控方法主要有地表水管控技术、井下防治水、疏放排水技术、地面塌陷防治技术、带压开采技术和注浆堵水技术等。

6.4.1 工程技术措施

矿山水害根据充水水源及水文地质、工程地质条件的不同，采用的防控方法及技术措施也不尽相同。常用矿井水害防控方法的具体工程技术措施如下。

1. 地表水防控技术措施

地表水的防控方法有合理确定井口标高、河流改道、铺整河底、填塞通道、挖沟排(截)洪、排除积水、注浆截流堵水等。

1)抬高井口标高

合理确定井口标高，矿区各工作井井口标高必须高于当地历史最高洪水位，或修筑坚实的高台，或在井口附近修筑可靠的排水沟和拦洪坝，防止地表水经井筒灌入井下。

2)河流改道

若矿区范围内有河流通过并严重影响生产(如进行河下采矿时河水有可能沿采空裂隙灌入井下)，可在河流进入矿区的上游筑一水坝，将原河流截断，用人工河道将河水引出矿区范围以外。

3)铺整河底

流经矿区的河流、冲沟、渠道，当水流沿河床或沟底的裂缝渗入地下时，则可在渗漏地段用黏土、料石或水泥修筑不透水的人工河床，以制止或减少河水渗漏。

4)填塞通道

地面塌陷裂缝、基岩裂隙、溶洞、废弃的矿井等都可能成为降水及地表水直接或间接流入井下的通道，如确与井下构成了水力联系，就应用黏土或水泥将其填塞。对于较大规模的塌陷裂缝或溶洞，通常下部充以碎石，上部覆以黏土，分层夯实并使之稍稍高出地表，以防积水和泥浆灌入。

5)挖沟排(截)洪

位于山麓或山前平原地区的矿井，山区降水以山洪或潜水流的形式流入矿区，或在地势低洼处汇集，造成局部淹没，或沿矿层、含水层露头带及采空塌陷裂隙渗入井下，增大矿井涌水量。在矿井上方垂直来水方向修筑拦洪及排洪沟，拦截排泄洪水。有时洪水的峰量过大，完全靠排洪沟排泄是不可能的，在有条件的情况下，可修建水库以削减洪峰。

6)排除积水

矿区低洼区和塌陷区不易填平时,要设泵站,将区内积水及时妥善排除,防止内涝。当矿区内有大的湖泊、池塘时,一般采用隔断对地下水的补给,改善其排泄条件,并采用筑坝排水或补漏措施,减少地表水下渗量。

7)注浆截流堵水

富水含水层与地表水保持经常性水力联系的矿区,在井巷施工中,有的地段涌水量很大,对安全生产、施工条件和设备的维护等都很不利。为了防止地表水的渗透补给,可用注浆手段截流堵水。

2. 地下水防控技术措施

地下水防控与地面水防控是相互配合、缺一不可的重要防控水措施。地下水防控首先应从合理进行开采布局、采用正确的开采方法入手,并采取留设防水矿柱、修防水闸门和超前探放水等各项措施。

(1)合理进行开采布局,采用正确的开采方法。这是利用自然条件,防止或减少地下水进矿坑的积极措施。其内容包括:矿层开采顺序和井巷布置应从水文地质条件简单地段开始,如岩溶矿区,第一批井巷应尽量布置在非岩溶或岩溶发育较弱地区;井筒及井底车场应布置在地层完整且不易突水处;在强含水层或地表水下采矿时,应先开采深部,后采浅部;而在高压含水层之上采矿时,则应先采浅部,后采深部;对于处于同一水文地质单元的矿层,应该多矿井相互配合开采,整体疏干。

(2)留设防水矿柱。当矿层与含水层接触时,为了防止突水事故,应留设一定宽度和一定厚度的防水矿柱。留设防水矿柱的大小,既要考虑安全,又要经济合理,尺寸的确定与水头压力,矿层及围岩的强度、产状,以及采矿方法等因素有关。

(3)修建防水闸门或水闸墙。在采区巷道进出口或井下重要设施(如井底车场、水泵房、变电所等)的通道,可修建防水闸门,以便发生突水时,可关闭闸门,控制水害。另外,在局部有突水威胁的采掘工作面,可修建水闸墙,将水堵截在小范围内,以防突水波及全矿。

(4)超前探放水。矿坑水患不只在于水量大、水压高,更重要的是在于其突发性。提前进行钻探,以查明采掘工作面的前方、侧帮或顶、底板的水情,确保安全生产的一项重要防水措施。探水钻孔必须在充分分析矿井地质、水文地质条件的基础上进行布置,通常是当掘进坑道接近强含水层、断层带积水区,或靠近可能存在着流砂层、充填泥沙的大溶洞以及有突水、突沙、突泥的征兆(如坑道变形、工作面淋水、涌水、涌沙明显或有异常的声响、气味等)时,都应该坚持超前探水。

3. 疏放排水技术

疏干降压是指通过对岩层顶板或岩层含水层的疏干,以及对岩层底板含水层水的降压,使底板含水层水压降低至采矿安全时的水压。控制疏干技术主要通过控制矿坑内水位降落漏斗现状,在保证井巷开拓及采矿工程安全进行的前提下,尽量不排、少排或晚排地下水,达到预防突水淹井、减少排水费用、保护地下水资源及控制地面塌陷等目的。控制疏干技术主要通过超前探水、降压疏干、注浆堵水及物理探测等综合手段来实现,是传统疏干技术的一大发展。疏放排水工作根据具体的水文地质条件，分为地面疏干、井下疏干、建井生产前进行的预疏和建井生产过程中进行的疏干。疏放方法有利用巷道或石门疏放、利用钻孔疏放及利用直通式钻孔疏放。

4. 地面塌陷防控技术

地面岩溶塌陷是岩溶矿山疏干排水引发的普通地质灾害现象，危害较大，甚至直接影响矿山的生存。其防控原理主要是消除产生岩溶塌陷的基本条件，即减少矿坑排水量、拦截主要导水通道或封闭隐伏岩溶洞口。

近年来，通过对安庆铜矿、凡口铅锌矿、下告铁矿等矿区岩溶塌陷的防控研究，已摸索出了一套塌陷防控措施，其主要措施有：①塌陷的综合预防，②塌洞口封闭，③塌洞埋管回填注浆，④塌陷区注浆，⑤修筑高喷桩基础的人工河床，⑥高喷桩拱体封闭塌洞口，⑦隐伏土洞预先治理。

5. 带压开采技术

矿层底板存在承压含水层，在不进行或少量降低含水层水头压力的情况下，矿层底板的厚度能保证不发生突水的前提下，可考虑采用带压开采技术。

6. 注浆堵水技术

注浆是通过人工用机械的方法将浆液压入地层中，并在空隙中流动、扩散、凝胶，经固结减少裂隙的体积和过水断面，以截断地下水进入矿坑的补给源，最后形成固体堵水帷幕的过程。工程实践中常用的注浆技术有地面帷幕注浆技术、井下顶板帷幕注浆技术、深井淹井注浆治理技术等。

1)地面帷幕注浆堵水技术

地面帷幕注浆的主要原理是在矿区主要进水方向采用系列钻孔注浆的方法，用一定的压力将浆液材料压到含水层的岩溶裂隙中，经固结后减少裂隙的体积和过水断面，以截断地下水进入矿坑的补给源。

地面帷幕注浆堵水要求矿区平面上具有清晰的水文地质边界，进水方向清楚，在平面和垂直方向上具有帷幕注浆的客观条件。帷幕内辅以疏干排水，既可消除井下重大突水事故，达到矿山安全生产条件，保障人民生命财产安全；又可大幅度减少矿坑涌水量，为矿山取得显著的经济效益；还可保护矿山地质环境，大幅度减少甚至避免地面岩溶塌陷；还能保护矿区宝贵的地下水资源，这在一些缺水的地区，作用及意义更加突出。

2)井下顶板帷幕注浆技术

井下顶板帷幕注浆技术是地面帷幕注浆技术向井下的延伸，其主要原理是采用系列钻孔在矿体顶板注入大量浆液，以形成人工隔水层，切断地下水对矿坑的补给通道。该项技术具有节约排水费用、保护地下水资源、保护地质环境及不浪费矿产资源等显著优点，具有广泛的推广价值。其适用条件是：矿体相对集中、紧接强含水层。山东莱芜业庄铁矿、莱新铁矿即采用该项技术，均获得成功。

3)深井淹井注浆治理技术

深井淹井注浆治理技术的主要原理是采用注浆方法封堵突水源，其主要有三种类型：

第一种是先抛碴注浆，再进行工作面预注浆；第二种是从地面进行井筒帷幕注浆；第三种是从地面采用高精度定向钻孔封堵突水点。三种方法主要根据井深、含水层埋藏深度，以及富水性、井内设施、工期要求等方面综合确定。高峰锡矿、冬瓜山铜矿、粮荐桥钼矿、白象山铁矿等采用了深井淹井注浆治理技术，已成功治理了突水淹井事故。

6.4.2 安全管理措施

矿井防控水技术的关键，在于查清矿井、采区及工作面的充水水源和导水通道。目前，通过应用水化学探测技术（包括放水试验、氧化还原电位、环境同位素、氡气测定、水化学组分及微量元素测定等技术）和井下物探技术（主要包括瞬变电磁技术、直流电法技术、音频电透技术、无线电波坑透技术、瑞利波技术、地质雷达技术等）来探测。

矿井在建设和生产过程中，地面水和地下水通过各种通道涌入矿井，当矿井涌水超过正常排水能力时，就造成矿井水灾。矿井水灾（通常称为透水），是矿山常见的主要灾害之一。一旦发生透水，不但影响矿井正常生产，而且有时还会造成人员伤亡，淹没矿井和采区，危害十分严重。所以做好矿井防水工作，是保证矿井安全生产的重要内容之一。

防控水工程有总体设计、施工设计、单项设计、变更设计，井下工程有施工安全技术措施；设计、措施应符合有关规程和技术规定要求，并按规定程序审批；工程施工过程中有施工记录，实施后有总结和成果资料。同时保证水害防控工程的进度与开采时间安排相协调，工作面正常接替。

矿井生产过程中必须做好水害分析预报，坚持“有疑必探，先探后掘”的探放水原则。因为矿山开采属于地下作业，地质和水文地质条件错综复杂，在很多情况下，由于勘探手段和客观认识能力的限制，对地下含水条件掌握不清，不能确保没有水害威胁，或者说还存在水害“疑问区”。所以，在采掘施工过程中，必须分析推断前方是否有疑问区，有则采取超前钻探措施，探明水源位置、水压、水量及其与开采矿层的距离，以便采取相应的防控水措施，确保安全生产。

防控水工程的成功与否主要是保证工程质量，各类防控水工程应严格按规范设计施工，现场监管到位，采集的数据准确，资料齐全可靠，成果结论符合实际，达到设计目标要求，各类水文地质钻孔、试验等单项工程质量，达到设计和相关规程、规定要求。

严格贯彻执行《质量管理体系　要求》(GB/T 19001—2016)，遵循既定的质量方针，建立更完善的质量保证体系，切实发挥各级管理人员的作用，使防控水过程中每道工序质量均处于受控状态。

在防控水过程中，以设计文件及现行规范标准为依据，按《质量手册》《程序文件》及该工程编制的《质量计划》，通过对质量要素和质量程序的控制，切实落实质量责任制。对各道工序从“人、机、料、法、环”诸方面加以管理控制，确保防控水工程质量。

1. 人员管理方面

施工人员是质量保证的关键，施工人员素质的高低直接关系到施工质量的保证程度，因此提高整个施工队伍人员素质就抓住了保证质量的根本。

(1)调集精兵强将组成项目经理部，主要操作人员要具有丰富的施工经验。

(2)施工前组织施工人员认真学习质量管理文件及相关法规,使施工人员树立起“百年大计、质量第一”的思想。

(3)做好施工技术交底工作。施工前组织施工技术管理人员、主要施工人员认真学习施工的各项规程、规范,明确施工技术与质量要求,使施工人员做到心中有数。

(4)做好施工前的岗位培训工作,所有施工人员必须经培训合格后才能上岗,特殊工种必须持证上岗。

(5)加强施工人员之间的技术交流,提高技术素质。在工程施工中根据施工中出现的各种问题,技术人员相互交流意见,认真探索,及时解决问题。

2. 机械设备方面

机械设备性能的好坏,直接关系到工程施工能否顺利进行,是施工质量能否保证的主要因素之一。

(1)施工前应对各种测量仪器进行检定、校准,保证测量仪器的精度满足本工程施工的要求。

(2)校验各类计量仪器、仪表的准确性,保证计量数据的准确可靠。

(3)针对不同的施工设备,编制设备操作规程,施工中严格按照操作规程执行,保证设备运行的良好状态。

(4)加强设备保养工作,及时更换易损件,减少设备故障率,提高设备运行效率,保证施工的连续性。

3. 物料质量方面

物料质量的好坏直接关系到防控水工程质量能否满足设计要求,施工材料质量的保证是工程施工质量保证的必要条件。施工所需材料必须有出厂合格证,并定期送检,检验单位必须具备相应资质,检验合格后方可用于工程施工。

4. 施工方法

(1)编制各项施工方案与施工细则,及时指导工程施工。

(2)按全面质量管理要求,制定工序管理表,实行工序管理,使整个施工过程处于可控状态。

(3)根据施工中出现的各类异常现象应进行分析跟踪,及时调整施工参数,保证施工质量。

(4)认真做好施工记录,每班施工必须及时填写当班记录,要求字迹工整,数据准确可靠。

(5)实行技术人员跟班作业制度,保证施工过程的质量控制。

5. 工作环境

(1)根据不同地段、不同地层条件,合理调整施工的各项参数,保证工程的施工质量。

(2)根据地层条件的变化,采取相应的施工工艺,使工艺更适应特定的地质条件。

6.4.3 教育培训措施

非煤矿山安全教育培训的内容可概括为三个方面，即安全知识教育、安全技能教育、安全态度教育。

1. 安全知识教育

安全知识教育包括安全管理知识教育和安全技术知识教育。

1)安全管理知识教育

安全管理知识教育包括对安全管理组织结构、管理体制、基本安全管理方法及安全心理学、安全人机工程学、系统安全工程等方面的知识教育。通过对这些知识的学习，可使各级领导和职工真正从理论到实践认清事故是可以预防的；避免事故发生的管理措施和技术措施要符合人的生理和心理特点；安全管理是科学的管理，是科学性与艺术性的高度结合等主要概念。

2)安全技术知识教育

安全技术知识教育的内容主要包括：一般生产技术知识、一般安全技术知识和专业安全技术知识教育。

(1)一般生产技术知识教育。一般生产技术知识教育主要包括：企业的基本生产概况，生产技术过程，作业方式或工艺流程，与生产过程和作业方法相适应的各种机器设备的性能和有关知识，工人在生产中积累的生产操作技能和经验及产品的构造、性能、质量和规格等。

(2)一般安全技术知识。一般安全技术知识是企业所有职工都必须具备的安全技术知识。

(3)专业安全技术知识。专业安全技术知识是指从事某一作业的职工必须具备的安全技术知识。专业安全技术知识比较专门和深入，其中包括安全技术知识、工业卫生技术知识，以及根据这些技术知识和经验制定的各种安全操作技术规程等。

2. 安全技能教育

仅有了安全技术知识，并不等于能够安全地从事操作，还必须把安全技术知识变成进行安全操作的本领，才能取得预期的安全效果。要实现从“知道”到“会做”的过程，就要借助于安全技能培训。安全技能培训包括正常作业的安全技能培训、异常情况的处理技能培训。安全技能培训应按照标准化作业要求来进行，故进行安全技能培训应预先制定作业标准或异常情况时的处理标准，有计划有步骤地进行培训。

3. 安全态度教育

要想增强人的安全意识，首先应使之对安全有一个正确的态度。安全态度教育包括两个方面，即思想教育和态度教育。

在安全教育中，第一阶段应该进行安全知识教育，使操作者了解生产操作过程中潜在的危险因素及防范措施等，即解决“知”的问题；第二阶段为安全技能训练，掌握和提高熟练程度，即解决“会”的问题；第三阶段为安全态度教育，使操作者尽可能地实行安全技能。三个阶段相辅相成，缺一不可。只有将这三种教育有机地结合在一起，才能取得较好的安全教育效果。在思想上有了强烈的安全要求，又具备了必要的安全技术知识，掌握了熟练的安全操作技能，才能取得安全的结果，避免事故和伤害的发生。

6.4.4　安全救护措施

若因井下采掘工作面、巷道内涌水量加大，在水仓、排水泵能力能够排除时，应先将采掘运输人员撤离作业地点升井。安全员、跟班电工、水泵工，要在各水平泵房待命；并观测吸水井水位变化情况及时向调度室汇报。当水位超过警戒水位以后，且涌水量大于水泵排水能力时，调度值班人员立即下令由安全员、电工配合水泵工关闭变电所密闭门及水仓配水巷之间的闸门，然后，滞留人员由管子道（回风巷）安全出口撤至联络巷、大巷观察水情。

当外出通道已被水阻隔，无法撤出时，应选择地势最高、离井筒或大巷最近的地点，或上山独头巷道暂时躲避。被堵在上山独头巷道内的人员，要有长时间被堵的思想准备，要节约使用矿灯和食品，有规律地敲打金属器具，发出求救信号。同时要发扬团结互助的精神，共同克服困难，坚信上级会全力营救，是能够安全脱险的。要忍饥静卧，降低消耗，饮水延命，等待救援脱险。

通知撤人的原则：以人为本、避让为主；反应迅速、措施果断；由远及近，先里后外；结合实际、注重实效；统一领导、分级负责；总结经验、不断改进。事故发生后，要先由远而近、由深到浅的原则进行，并携带救援工具和防护设施。要加强排水工作，改变透水水流向储备水仓。

（1）及时通知矿井内人员撤离并及时通知相邻矿井。

（2）根据情况弄清楚透水点的位置及水量大小，合理组织排水，控制水灾影响范围。

（3）及时响应避灾人员呼救信号，并及时组织措施进行营救。

（4）及时组织矿山救护队进行事故救援。

（5）救护人员必须配备正压氧呼吸器入井救援。

（6）透水后应在可能的情况下迅速观察和判断透水的地点、水源、涌水量、发生原因、危害程度等情况，根据预防灾害计划中规定的撤退路线，迅速撤退到透水地点以上的水平，而不能进入透水点附近及下方的独头巷道。

（7）行进中，应靠近巷道一侧，抓牢支架或其他固定物体，尽量避开压力水头和泄水主流，并注意防止被水中滚动矸石和木料撞伤。

（8）如透水后破坏了巷道中的照明和路标，迷失行进方向时，遇险人员应朝着有风流通过的上山巷道方向撤退。

（9）在撤退沿途和所经过的巷道交叉口，应留设指示行进方向的明显标志，以提示救护人员的注意。

（10）人员撤退到竖井，需从梯子间上去时，应遵守秩序，禁止慌乱和争抢。行动中手要抓牢，脚要蹬稳，切实注意自己和他人的安全。位于透水点下方的工作人员，撤离时遇到水势很猛和很高的水头时，要尽力屏住呼吸，用手拽住管道等物，防止呛水和溺水，奋勇用力闯过水头，借助巷道壁及其他物体，迅速撤往安全地点。

(11)如唯一的出口被水封堵无法撤退时,应有组织地在工作面躲避,等待救护人员的营救。严禁盲目潜水逃生等冒险行为。

6.5 本章小结

本章基于非煤矿山掘进作业活动、工作步骤和场所部位,选取透水作为主要事故类型,并对危险源进行辨识,运用 LEC 法对其进行半定量评价,得出了不同单元风险值,并用红、橙、黄、蓝四色确定风险的四个等级。在分析矿山水害危险性分析的基础上,从工程技术、安全管理、教育培训和安全救护等四个方面提出矿山水害风险管控措施。

第7章 总 结

7.1 结 论

我国很多矿山已逐渐进入到深部开采阶段,许多矿井经常会出现突水现象,严格制定防治水措施对保护人民的生命财产安全有重要意义。本研究在湖北省地质条件研究的基础上,对非煤矿山地下开采水患主要类型进行分析;总结矿井突水的影响因素,建立了非煤矿山突水安全风险预警评估体系;利用 Python 编程软件实现矿山突水安全预警评估;基于 LEC 法研究非煤矿山地下开采水患风险分级管控。本研究深入分析了湖北省水文地质条件,从安全科学的角度分析了影响非煤矿山突水安全的因素,完善了矿山突水风险评价指标体系,开发出一套从“人、物、环境、管理”四个方面来评估非煤矿山突水安全风险等级的评价系统,并从工程技术、安全管理、教育培训、安全救护四个方面提出了矿山突水风险管控措施。对提高非煤矿山突水灾害事故预警机制的准确性和预警评估的科学性,以及突水事故应急救援提供理论模型和技术参考。

为了提高非煤矿山突水安全风险评估的全面性和准确性,从“人—机—环境—管理”四个影响非煤矿山突水安全风险的因素进行深入分析,对危险源进行有效识别,得出影响矿山突水指标。在此基础上,建立了递阶的多层次矿山突水安全评价指标体系,构建了能够全面适用非煤矿山突水方面的综合安全评价模型,并给出详细的计算方法和步骤。避免了从传统的纯技术方面分析非煤矿山突水的影响因素,从安全科学系统论和综合论的角度建立非煤矿山突水安全风险评价体系,并提出 AHP - CRITIC 组合赋权法确定指标权重;引入云模型评价理论,利用 MATLAB 构建评价指标的隶属度函数,从而构建非煤矿山突水安全风险评估模型;最后引入湖北某矿山实例,与现场专家打分结果进行对比验证,结果表明基于 AHP - CRITIC -云模型评价法的非煤矿山突水安全风险评估模型具有科学性、准确性和实用性,完善了传统评价方法存在的不全面性和主观性等问题,提高了对非煤矿山突水安全风险评估结果的精确性,并进一步验证了该方法在非煤矿山突水安全评价领域的理论意义和推广使用价值。

7.2 展 望

研究团队针对非煤矿山地下开采水患监测预警及风险分级管控做了初步尝试性研究,

所涉及的非煤矿山突水安全风险评价模型是建立在诸多影响因素基础之上的。由于影响非煤矿山突水安全风险的要素是动态变化的(如枯水期和丰水期的水位标准不同,随着开采进度的进行,矿层的透水性质也会发生变化等),后期可结合本次研究内容在GSM网络、Internet和工业控制网无缝衔接,实现从数据采集、处理、分析到网络的发布应用的实时动态过程,达到对井下水位、水温、流量及地面降水量等水文参数的实时监测,并做到数据可视化、智能化、智慧化,从而更好做到准确的分析和控制矿井水情水害,达到超前、超限预警管理的目的。

主要参考文献

白日,2020.矿井防治水工作难题及技术措施探讨[J].中国化工贸易,12(27):110,112.

常丽,崔文露,2019.湖北省重点河段采砂监控与管理信息系统设计综述[J].科学与信息化(9):177-178.

常印佛,李加好,宋传中,2019.长江中下游成矿带区域构造格局的新认识[J].岩石学报,35(12):3579-3591.

常印佛,周涛发,范裕,2012.复合成矿与构造转换——以长江中下游成矿带为例[J].岩石学报,28(10):9.

陈懋,姚锡文,许开立,2022.基于AHP-EWM-云模型的金属矿山突水危险性评价[J].有色金属工程,12(11):102-110.

陈杉,陈增虢,吴铭渝,2022.基于系统动力学的矿山水患致灾机理研究[J].现代商贸工业,43(20):189-190.

陈曦,彭凤姣,蔡勇,等,2021.基于ArcGIS核密度分析法的湖北省国家湿地公园空间分布特征及影响因素[J].绿色科技,23(02):1-3.

程娟娟,2022.高校科研与教学关系实证研究:基于皮尔逊相关系数的分析[J].中国高校科技(10):46-52.

代许可,聂开红,蒋达源,2022.鄂东南矽卡岩型多金属矿床成矿岩体中黄铁矿微量元素特征及其意义[J].资源环境与工程,36(1):9.

代长青,2005.承压水体上开采底板突水规律的研究[D].安徽:安徽理工大学.

邓跃军,2022.矿井水害原因及防治水措施研究[J].山西冶金,45(1):327-328,331.

翟裕生,金福全,1992.长江中下游地区铁、铜等成矿规律研究[J].矿床地质,11(1):12.

杜斌,2020.基于GMS的某矿区地下水含水层结构模型研究[J].中国煤炭地质,32(7):27-32.

范文杰,肖湘宁,陶顺,2019.基于综合权重的电压暂降严重度多指标评估方法[J].电力电容器与无功补偿,40(4):137-144.

关俊朋,韦福彪,孙国曦,等,2015.宁镇中段中酸性侵入岩锆石U-Pb年龄及其成岩成矿指示意义[J].大地构造与成矿学,39(2):11.

郭启琛,郑文贤,郭太刚,2020.多参数水文动态监测预警系统的开发与实现[J].煤炭技术,39(5):119-121.

郭茜,2018.基于云模型的京津冀物流一体化指标权重研究[J].云南财经大学学报,34(6):96-104.

韩晓娟,牟志国,魏梓轩,2022.基于云模型的电化学储能工况适应性综合评估[J].电力工程技术,41(4):213-219.

何菲菲,2016.基于云模型的图像分割方法研究[D].重庆:重庆邮电大学.

胡建华,林阳帆,周科平,等,2013.地下矿山突水通道脆弱性的模糊层次评价[J].灾害学,28(4):16-21.

湖北地质矿产局,1990.湖北省区域地质志[M].北京:地质出版社.

黄德华,1989.长江流域矿产资源开发问题的探讨[J].自然资源,11(4):1-8.

黄智辉,徐玮,胡新红,等,2018.大冶市许家咀铜铁矿床成因及找矿潜力分析[J].资源环境与工程,32(1):18-22.

姜彤,孙赫敏,李修仓,等,2020.气候变化对水文循环的影响[J].气象,46(3):289-300.

蒋少涌,段登飞,徐耀明,等,2019.长江中下游地区鄂东南和九瑞矿集区成矿岩体特征及其识别标志[J].岩石学报,35(12):20.

李德毅,刘常昱,2004.论正态云模型的普适性[J].中国工程科学(8):28-34.

李峰.2010.典型矿山地下水环境的评价与安全防治技术研究[D].长沙:中南大学.

李书涛,孙四权,黄家凯,等,2013.湖北省矿产资源利用现状与开发布局[J].资源环境与工程,27(3):346-351.

李维东,周德红,肖振航,等,2021.基于 Bow-tie 正态云模型的 LNG 储罐风险分析[J].消防科学与技术,40(9):1322-1327.

林柏泉,2002.安全学原理[M].北京:煤炭工业出版社.

刘保东,王迪,2012.浅议煤矿水害成因及防治[J].科技视界(24):314-315.

刘从胜,2021.矿山顶板水及老空水水害治理技术探讨[J].中国金属通报(8):101-102.

刘桂花,宋承祥,刘弘,2007.云发生器的软件实现[J].计算机应用研究(1):46-48.

刘徽,沈军,杨伟卫,等,2021.黄石城市规划区浅层地温能赋存条件及开发利用潜力评价研究[J].资源环境与工程,35(3):359-363.

刘军.2015.非煤矿山地下水害防治[J].科技风(7):152.

刘磊,于小鸽,王丹丹,等,2016.基于灰色理论的底板突水危险性评价[J].矿业安全与环保,43(5):45-49,61.

刘亮辉,2011.吸取矿井水害事故教训强化矿井水害的防治[J].科技情报开发与经济,21(29):217-219.

刘绍濂,1997.长江中下游成矿带区域构造格局及其演化[J].中南冶金地质(2):8.

刘仕瑞,2013.对兖矿集团 Y 煤矿突水的安全评价研究[D].太原:中北大学.

刘苏,2012.采空区覆岩移动对上覆水体的影响及水害防治技术浅析[J].黑龙江科技信息(4):72,313.

刘现川,2021.浅析矿山开采区水文地质综合勘查技术研究[J].世界有色金属(19):123-124.

芦磊,张斌,郑达,2023.基于AHP-CRITIC的公路土质路堑边坡风险评估模型[J].人民长江,54(1):133-139.

罗恒,李欢,戴进玲,等,2021.鄂东南张海金矿床控矿因素及找矿潜力分析[J].黄金,042(10):8-15.

吕庆田 董树文 史大年 汤井田 江国明 张永谦 徐涛 SinoProbe-03-CJ项目组,2014.长江中下游成矿带岩石圈结构与成矿动力学模型——深部探测(SinoProbe)综述[J].岩石学报,30(4):889-906.

马其丽,舒国伍,2018.小金沟锰矿床的水文地质勘查类型及其矿井水的防治研究[J].资源信息与工程,33(4):28-29.

毛景文,Holly STEIN,杜安道,等,2004.长江中下游地区铜金(钼)矿Re-Os年龄测定及其对成矿作用的指示[J].地质学报,78(1):11.

聂利青,周涛发,范裕,等,2019.长江中下游成矿带庐枞矿集区首例钨矿床成岩成矿时代及其意义[J].岩石学报,35(12):17.

邵显,2021.湖北大冶市铜绿山铜铁矿地质特征及矿床成因[J].云南地质,40(2):163-169.

石永国,傅忠清,郑敏,2009.LEC评价法在非煤矿山安全评价中的应用[J].黄金,30(9):33-36.

孙林辉,尚康,袁晓芳,2019.基于LEC法的煤矿掘进作业岗位安全风险评价研究[J].煤矿安全,50(12):248-252.

万林,章国宝,陶杰,2017.基于AHP-CRITIC的电梯安全性评估[J].安全与环境学报,17(5):1696-1700.

汪婷婷,陈国旭,袁峰,等,2020.基于GIS的长江中下游岩浆岩成矿核心时空聚集特征分析及其指示意义[J].地理与地理信息科学,36(4):7.

王春红,2019.矿山地下水灾害及其防治[J].世界有色金属(8):216,218.

王建,谢桂青,余长发,等,2014.鄂东南地区鸡笼山矽卡岩金矿床的矽卡岩矿物学特征及其意义[J].岩石矿物学杂志,033(1):149-162.

王建军,周英烈,饶斌,等,2021.矿山突水灾害影响因素分析及防治措施研究[J].采矿技术,21(6):69-72,76.

王杰,2020.矿井防治水工作难题及技术措施探讨[J].中国化工贸易,12(22):63,65.

王磊,胡明安,张旺生,等,2009.鄂东南程潮铁矿构造控矿特征及找矿方向[J].金属矿山(4):4.

王淑云,黄芳,谭雄,等,2021.熵权法在铀矿井下空气环境安全评价中的应用研究[J].安全与环境学报,21(2):538-545.

王岩,王登红,黄凡,2022.长江流域矿产资源特征及成矿规律[J].地质学报(5):1724-1735.

王永卿,2019.湖北省矿产资源开发与生态建设协调发展研究[D].武汉:中国地质大学(武汉).

肖光富,2003.鸡冠嘴铜金矿床Ⅰ号矿体群矿体地质特征及赋存规律[J].黄金(7):11-15.

肖振航,周德红,李维东,等,2022.基于云模型的化工园区安全风险评估[J].武汉工程大学学报,44(1).

邢冬梅,2011.矿山透水事故致因模型构建及防治对策研究[D].武汉:武汉科技大学.

徐富文,刘博,蔡恒安,等,2022.微动勘探方法在鸡冠咀矿区外围深部找矿中的应用效果研究[J].资源环境与工程,36(5):658-667.

许莉莉,2011.湖北省暴雨的变化规律与气候背景分析[D].武汉:华中师范大学.

袁春燕,米玉琴,2011.基于LEC法的金属矿建工程危险源辨识和评价[J].中国安全生产科学技术,7(8):175-180.

张润涛,2022.基于LEC法对煤矿通风瓦斯风险辨识评估实践[J].江西煤炭科技(2):177-179.

张征兵,黄婉,王刚,等,2020.铜山口矿区钨矿地质特征及下步找矿方向[J].中国矿山工程,49(6):10-14.

赵立祥,刘婷婷,2009.事故因果连锁理论评析[J].经济论坛(8):96-97.

赵良杰,夏日元,易连兴,等,2015.基于流量衰减曲线的岩溶含水层水文地质参数推求方法[J].吉林大学学报(地球科学版),45(6):1817-1821.

真允庆,丁梅花,戴宝章,等,2009.长江中下游成矿带深部找矿思路探讨[J].地质找矿论丛,24(3):179-188.

郑瑞瑞,张超宇,吴永祥,等,2020.大冶市鸡冠咀铜金矿Ⅲ号矿体探采对比研究[J].资源环境与工程,34(3):458-462,476.

朱承敏,高超,容玲聪,2020.矿山水害的模拟与智能防治决策[J].中国矿业,29(12):103-108.

DIAKOULAKID,MAVROTASG,PAPAYANNAKISL,1995. Determining objective weights in multiple criteria problems:the CRITIC method[J]. Computers & Operations Research,22(7):763-770

SAATYTL,1990. The analytic hierarchy process:planning,priority setting,resource allocation[M]. New York:Mc Graw-Hill.